新型城镇化视野下城市更新与治理

孟延春 李欣 谷浩 著

清華大學出版社
北京

图书在版编目 (CIP) 数据

新型城镇化视野下城市更新与治理 / 孟延春，李欣，谷浩著 . 一北京：清华大学出版社，2023.11

ISBN 978-7-302-64739-3

Ⅰ . ①新… Ⅱ . ①孟… ②李… ③谷… Ⅲ . ①城市规划－研究－中国②城市管理－研究－中国 Ⅳ . ① TU984.2 ② F299.22

中国国家版本馆 CIP 数据核字 (2023) 第 184997 号

责任编辑：王如月
装帧设计：常雪影
责任校对：王荣静
责任印制：刘海龙

出版发行：清华大学出版社
网　址：https://www.tup.com.cn，https://www.wqxuetang.com
地　址：北京清华大学学研大厦 A 座　**邮　编**：100084
社 总 机：010-83470000　**邮　购**：010-62786544
投稿与读者服务：010-62776969，c-service@tup.tsinghua.edu.cn
质 量 反 馈：010-62772015，zhiliang@tup.tsinghua.edu.cn
印 装 者：天津鑫丰华印务有限公司
经　销：全国新华书店
开　本：170mm×240mm　**印　张**：13　**字　数**：226 千字
版　次：2023 年 11 月第 1 版　**印　次**：2023 年 11 月第 1 次印刷
定　价：99.00 元

产品编号：099358-01

前　言

新中国成立73年以来，中国城镇化取得长足发展。1949年年末，常住人口城镇化率仅为10.64%。2021年年末，常住人口城镇化率已经接近65%，提高了50多个百分点。特别是改革开放以来，原来的计划经济体制向社会主义市场经济体制转变，转型期城市人口急剧增加，无论传统城市还是新兴城市，空间结构、社会结构和文化结构都经历了前所未有的变革。由此深刻反映出城市居民需求层次的变化，城市社区社会关系的调整，以及城市治理由增量发展为主导向存量发展为导向转变。

棚户区和老旧小区是我国城市发展与治理的短板。棚户区和老旧小区改造等改善城市居住环境和城市功能的城市更新活动，已成为深化推进新型城镇化战略、实现城市高质量发展的重要内容。

本书系统地总结了国内外城市更新和棚户区改造发展的历程，结合城市更新和棚户区改造国内实践，重点分析北京、海口等城市和地区的特点，为国内城市更新和棚户区改造理论研究提供更新且更加充实的经验材料，在此基础上提出了符合我国国情的棚户区改造学术理论和城市更新机制与政策。

孟延春　李欣　谷浩

2023年8月

目　录

第一章　绪论

第一节　城市更新的战略定位

实施城市更新行动，是适应城市发展新形势、推动城市高质量发展、推进新型城镇化的必然要求，是党中央从全面建设社会主义现代化国家、实现中华民族伟大复兴中国梦的战略高度，准确研判我国城市发展新形势，对进一步提升城市发展质量作出的重大决策部署①。党的十九届五中全会通过的《中共中央关于制定国民经济和社会发展第十四个五年规划和二〇三五年远景目标的建议》中明确提出实施城市更新行动，到2035年基本实现新型城镇化。

我国常住人口城镇化率在2019年已突破60%，这标志着城镇化进入新的发展阶段，逐步由较快发展向高质量发展转变。新型城镇化深入推进，突破原有大规模增量建设发展模式，向存量提质改造和增量结构调整并重转型。转型期城市发展面临许多新的问题和挑战，各类风险矛盾突出，势必要求更加注重系统地解决城市本身存在的问题②，探索中国特色的城市更新之路。

实施城市更新行动，是坚定实施扩大内需战略、构建新发展格局的重要路径，也是推动城市开发建设方式转型、促进经济发展方式转变的有效途径，更是推动解决城市发展中的突出问题和短板、提升人民群众获得感、幸福感、安全感的重大举措③。通过城市更新以推动城市全生命周期的可持续发展，是2035年基本实现新型城镇化的重要基础。

第二节　我国城镇化发展进入城市更新重要时期

改革开放40多年以来，我国正在经历快速城镇化时期。1978年，常

---

① 王蒙徽．实施城市更新行动[A]．中共中央关于制定国民经济和社会发展第十四个五年规划和二〇三五年远景目标的建议辅导读本．北京：人民出版社，2020，339.

② 王蒙徽．实施城市更新行动[A]．中共中央关于制定国民经济和社会发展第十四个五年规划和二〇三五年远景目标的建议辅导读本．北京：人民出版社，2020，340.

③ 王蒙徽．实施城市更新行动[A]．中共中央关于制定国民经济和社会发展第十四个五年规划和二〇三五年远景目标的建议辅导读本．北京：人民出版社，2020，340-341.

住人口城镇化率为17.9%，到2019年增长到60.06%。按照“两个一百年”奋斗目标和“三步走”战略，我国城镇化的总体进程预测研究显示[①]，我国将在2035年初步完成城镇化进程，城镇化预计超过70%，到21世纪中叶基本完成城镇化，有望超过75%[②]。

2014年3月，中共中央、国务院印发《国家新型城镇化规划（2014—2020）》，关于城镇化在实现现代化、促进经济发展、推动产业转型、解决三农问题、协调区域发展以及促进社会进步等方面的重要意义逐渐在各界达成了共识[③]。我国城镇化的研究正处于繁荣时期，对未来中国城镇化的发展方向有着深入的探讨[④]。从各国历史经验来看，城镇化进程超过50%的时期[⑤]，一方面标志着经济繁荣与国家综合实力的增强，另一方面标志着快速发展阶段积累的城市建设矛盾与城市病变得严峻，能否在这个历史时期进行及时的战略性调整，往往成为后续城镇化长期健康稳定发展的关键[⑥]。

在城镇化进程阶段共性的基础上，我国城镇化具有自身鲜明的特点，土地城镇化快于人口城镇化，市民化进程滞后，以农民工为代表被统计为城镇人口的这部分人群规模庞大，但是并没有享受城镇居民的基本公共服务，也没有分享城镇经济增长的红利[⑦]。针对这一特点，人居环境科学理论所倡导的以人的生活为核心的价值观，以及“人口城镇化”理念愈发得到深切关注[⑧⑨]。

无论是出于促进人的发展需求，维护社会公平正义与稳定的社会需求，还是促进消费与拉动内需的经济需求，“使全体居民共享现代化建设成果”

---

① 顾朝林，管卫华，刘合林．中国城镇化2050：SD模型与过程模拟[J]. 中国科学：地球科学，2017（47）：818-832.

② 吴唯佳，吴良镛，等．特大城市地区如何引领实现百年目标[J]. 城市规划，2018（3）：87-94.

③ 2013年中央城镇化工作会议将2014年作为新型城镇化元年，指出城镇化是“一个自然历史过程”。

④ 2008年之前研究成果综述参见：顾朝林，吴莉娅．中国城市化研究主要成果综述[J]. 城市问题，2008（12）：2-12.

⑤ 英国是1850年，德国是1892年，美国是1918年，法国是1931年，墨西哥是1959年，巴西是1965年，日本是1968年，韩国是1977年。参见：李浩．城镇化率首次超过50%的国际现象观察——兼论中国城镇化发展现状及思考[J]. 城市规划学刊，2013（1）：43-50.

⑥ 李浩．城镇化率首次超过50%的国际现象观察——兼论中国城镇化发展现状及思考[J]. 城市规划学刊，2013（1）：43-50.

⑦ 周一星．关于中国城镇化速度的思考[J]. 城市规划，2006（12）：32-40.

⑧ 吴良镛．人居环境科学的探索[J]. 规划师，2001（12）：5-7.

⑨ 迟福林．推进人口城镇化的体制机制创新[J]. 中国合作经济，2013（12）：24-25.

的“以人为核心的城镇化”①，正在成为我国城镇化从宏观政策导向到具体实践的共同转型方向。

第三节　城市更新的主要内涵

一、城市更新是实现城市高质量发展的必然举措

（1）伴随经济进入高质量发展阶段，城市更新更加注重城市内涵发展。改革开放以来，我国经历长达40多年的经济高速增长阶段，城市面貌得到很大改观，基础设施和生活水平得到全面提升，但是，城市快速扩张也为“集约化、内涵式”发展道路埋下隐患。伴随经济进入高质量发展阶段，越来越多曾经被经济高速增长掩盖的城市发展问题得以显现②。在尊重城市发展客观规律的前提下，处理好城市更新过程中的功能、空间与权属等重叠交织的社会与经济关系成为推动城市高质量发展的必然要求③。以内涵提升为核心的“存量”，乃至“减量”规划，也成为我国空间规划和战略布局的新常态④。总的来说，在新发展理念、新发展格局以及国家治理能力和治理体系现代化建设的总体框架下，城市更新更加强调“以人民为中心”，更加重视人居环境的改善和城市活力的提升。

（2）随着现代化进程不断向前推进，城市更新更加注重营造城市社会空间。城市化高速推进往往会带来城市同质化现象，导致城市生活失去地方性，生活在城市里的人也越来越难以感知地域空间的文化价值和情感价值⑤，城市社会空间加速消亡。伴随现代化进程不断向前推进，远离乡土“熟人社会”的城市居民对城市社会空间的文化诉求和情感诉求会越发深刻。在改善物质环境的同时，也要保护地方特色，保障城市居民的主体性，关注文化、记忆、认同和情感，关切地方化的、真实的生活图景⑥。

（3）贯彻落实新发展理念。城市更新更加注重“以人民为中心”以

---

① 参见李克强总理在2014年中央城镇化工作会议上的讲话。

② 张京祥，赵丹，陈浩．增长主义的终结与中国城市规划的转型[J]. 城市规划，2013（1）：47-52，57.

③ 阳建强．走向持续的城市更新——基于价值取向与复杂系统的理性思考[J]. 城市规划，2018（6）：68-78.

④ 刘铭秋．城市更新中的空间冲突及其化解[J]. 城市发展研究，2017（11）：48-53.

⑤ Harvey D. The urban experience [M]. Baltimore: Johns Hopkins University Press，1989.

⑥ 谢涤湘，范健红，常江．从空间生产到地方营造：中国城市更新的新趋势[J]. 城市发展研究，2017（12）：110-115.

及人与自然的和谐共生。城市发展过程是人与自然如何共存的思想演进过程[①]。显然过去空间扩张叠加资源消耗的城市增量发展模式难以为继，它不仅忽略了人的内在需求，还违背了人与自然和谐共生的理念。党的十九大报告明确提出："满足人民日益增长的优美生态环境的需求和形成人与自然和谐发展的现代化新格局。"提升城市发展质量，修复人与自然的关系成为城市更新优化建成环境的关键一环。这同时也是城市发展模式从增量扩张到存量提质的转型和激活城市新的发展潜力的必然要求[②]。

二、人的需求变化是城市更新的主导因素

（1）人是城市的主人。城市空间的形成和城市服务的产生源自人的需求。城市更新是对城市空间形态和服务内涵的系统性改变，这种改变始终围绕着"人"展开。当大多数人的需求没有产生影响力时，城市更新就容易陷入大拆大建的窘境[③]。为提升城市发展质量，城市更新就不能只是停留在物质层面的改变[④]，更是城市生命活力和内在精神的赋能。

（2）人的生活需求变化决定城市更新出现的形式。我国城市更新通常以政府为主导，为满足不同生活需求而侧重点不同。工业化在促进经济增长的同时，也产生了大量物质性老化、功能性衰退和结构性失衡的旧工业区，功能布局、空间结构和生态环境要素与人的生活需求矛盾凸显[⑤]。旧工业区改造成为城市更新的一种主要形式，类似的还有城中村改造。快速扩张的城市建设为了规避巨额成本，绕开了村落进行迂回发展[⑥]，催生了城中村这种具有明显城乡二元结构的地域实体[⑦]，是为满足城乡一体化需要而改造。此外，粗放的城市建设和落后的城市维护造成大量建成年代较早的小区设施破旧、管理缺失，这样的老旧小区影响城市风貌，也限制着居

---

① 刘易斯・芒福德．城市发展史：起源、演变和前景 [M]. 北京：中国建筑工业出版社，2005.

② 李荷，杨培峰．自然生态空间"人本化"营建：新时代背景下城市更新的规划理念及路径 [J]. 城市发展研究，2020（7）：90-96.

③ 查君，金旖旎．从空间引导走向需求引导——城市更新本源性研究 [J]. 城市发展研究，2017（11）：51-57.

④ 何深静，于涛方，方澜．城市更新中社会网络的保存和发展 [J]. 人文地理，2001（6）：36-39.

⑤ 王鹏，单梁．存量规划下的旧工业区再生——以深圳旧工业区城市更新为例 [J]. 城市建筑，2018（3）：62-65.

⑥ 高晓路，许泽宁，王忠云．城中村纳入属地接待办事处管理的问题和对策——北京市155 个非属地城中村调研 [J]. 城市发展研究，2017（3）：74-83.

⑦ 闫小培，魏立华，周锐波．快速城市化地区城乡关系协调研究——以广州市"城中村"改造为例 [J]. 城市规划，2004（3）：30-38.

民的居住体验[①]。城市高质量发展本质上是满足人民对美好生活的需要。新的城市更新形式，需要新的观念、技术和组织以实现不同形式的城市更新。

三、城市系统更新是政府治理面临的挑战

（1）微观层面：城市有机更新与适应性再利用。城市更新不只是从外到内的改造行动，更是一种从内到外的系统工程。城市的各种要素包括建筑、社区，乃至整个文化，都在以自发和非正式的方式调整[②]。如何将城市要素的这种调整转化为适应性再利用，是城市更新微观层面治理的重要挑战[③]。

（2）宏观层面：城市有机更新与可持续发展。城市更新为推动绿色发展提供了重要机会，是实现可持续发展的重要手段[④]。如何在城市更新过程中综合处理融资问题[⑤]、社会问题、技术问题和文化问题[⑥]，是城市更新宏观层面治理的主要挑战。

第四节 城市更新的研究思路

通过城市更新推动城市全生命周期的可持续发展，是我国 2035 年基本实现新型城镇化的重要基础。本书在研究国内外理论与实践的基础上，回答了城市更新如何在推进新型城镇化过程中发挥系统性作用——推动实施扩大内需战略、构建新发展格局，推动城市开发建设方式转型、经济发展方式转变，以及推动解决城市发展中的突出问题和短板，提升人民群众获得感、幸福感、安全感[⑦]，并提出了符合我国国情的城市更新理论、机

---

① 蔡云楠，杨宵节，李冬凌 . 城市老旧小区“微改造”的内容与对策研究 [J]. 城市发展研究，2017（4）：29-34.

② Greene M, Mora R I, Figueroa C, et al. Towards a sustainable city: Applying urban renewal incentives according to the social and urban characteristics of the area[J]. Habitat International, 2017, 68:15-23.

③ Anderson H B, Christansen L B, Klinker C D, et al. Increases in use and activity due to urban renewal: Effect of a natural experiment [J]. American Journal of Preventive Medicine, 2017, 53（3）: 81-87.

④ Couch C. Urban Renewal: Theory and practice. In Macmillan building and surveying series [M]. London: Macmillan Education, 1990.

⑤ Lee C C, Liang C M, Chen C Y. The impact of urban renewal on neighborhood housing prices in Taipei: an application of the difference-in-difference method[J]. Journal of Housing & the Built Environment, 2017, 32（3）: 407-428.

⑥ Hooimeijer F L, Maring L. The significance of the subsurface in urban renewal [J]. Journal of Urbanism International Research on Placemaking & Urban Sustainability, 2018, （4）:1-26.

⑦ 王蒙徽 . 实施城市更新行动 [A]. 中共中央关于制定国民经济和社会发展第十四个五年规划和二〇三五年远景目标的建议辅导读本 . 北京：人民出版社，2020：340-341.

制和对策。在总结国内外棚户区理论与实践的基础上，分析了棚户区发展的机理与特征，同时揭示贫富极化、投入短缺、阶层固化等棚户区改造困境；在新型城镇化、善治理论等的指导下，研究棚户区改造的创新路径，提出了重塑新型城镇化的城市社区社会空间的政策建议。

本书的研究对象是推进新型城镇化、实现城市高质量发展的系统化的城市更新行动，包括如下3方面：第一，用发展的眼光，结合我国新型城镇化历史进程与阶段特征，透过“观念”这一制度因素，回应为什么实施城市更新行动。第二，研究城市发展进入存量提质改造和增量结构调整阶段后，针对城市文化建设、人居环境、治理水平等供给方面与人民对美好生活的需求之间存在的突出矛盾，透过“技术”这一经济和制度因素，回应应该实施什么样的城市更新行动。第三，以新型城镇化理论、国家治理体系和治理能力现代化理论、高质量发展理论、供给侧结构性改革理论为指导，透过“组织”这一经济、社会和制度因素，回应如何系统实施城市更新行动，以推动提升城市治理效能。

本书的总体研究思路如图1.1所示。首先，本书具体阐述棚户区形成的机理，分析社会排斥、城市分异以及文化贫困对城市棚户区产生的影响。其次，对国内外开展的城市更新行动进行比较研究以及辨析我国的棚户区改造政策。然后，通过研究实地调研案例，重点分析社会资本注入、棚改居民参与以及政府职能转变3个关键因素对棚户区改造产生的影响。最后，总结新型城镇化背景下我国棚户区改造模式的新特点以及形成的新型社区。

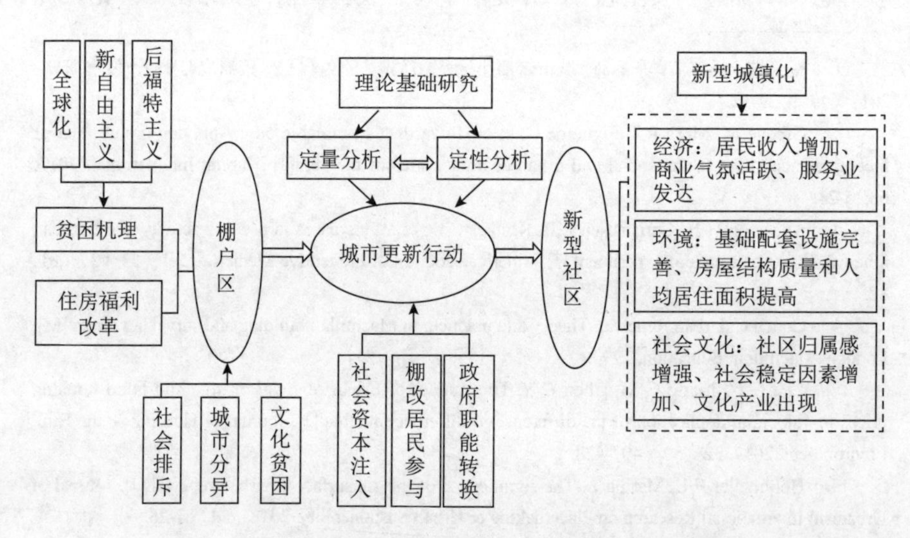

图1.1 新型城镇化视野下的城市更新行动研究总体思路

第五节　本书结构安排

本书按照“城市更新内涵与意义→城市棚户区的形成机理→城市棚户区的改造模式→我国棚户区改造政策分析→案例研究→新型城市更新的对策建议”的逻辑组织内容，分别选取北京、海口、南京等地开展实地调研，针对城区棚户区、市区中心地带、历史文化街道等重点老旧小区进行城市更新与治理研究，共划分10章。

第一章“绪论”。首先介绍城市更新的战略定位，并指出我国城镇化发展已经进入城市更新的重要时期。其次，介绍城市更新的主要内涵。最后，展示本书的整体研究思路以及结构安排。

第二章“城市棚户区的形成”。在城市化背景下，就城市棚户区的研究进行综述，明确本书的研究对象为城市棚户区，并从城市产业结构变迁、住房供给体系转型和社会结构分化等三方面概括棚户区的形成机理。

第三章“国内外城市更新路径比较”。首先概括国内外的城市更新路径探索历程，并就西方国家及我国的棚户区主要改造模式进行对比研究，为形成本书的逻辑主线和研究框架结构奠定基础。

第四章“我国棚户区改造政策的渐进调整”。从渐进主义理论的视角分析国内棚户区的改造政策，分析概括了三个阶段的政策取向和作用，并总结我国棚户区改造政策的渐进调整特征，以有利于从整体把握我国棚户区改造的政策环境。

第五章“海口市玉沙村棚户区改造实践调查”。选取海口市玉沙村棚户区改造的案例进行分析，总结现行社区遇到的难题，反映对棚户区改造所面临的困境，特别是塑造新型城市社区社会空间的理论反思的重要性。

第六章“北京市老城区改造与城市风貌塑造”。首先介绍北京市老城区的危旧房改造历程，并选取大栅栏地区作为研究对象进行分析，概括总结其改造存在的问题及关键要素，从而为提出棚户区改造与治理方案提供有效的信息参考。

第七章“海口市‘15分钟便民服务生活圈’与居住社区建设”。以便民生活圈为切入点，介绍国内外便民生活服务圈的实践案例。在此基础上对海口市老旧社区的便民生活服务圈建设情况进行实地调查和分析，结合海口市的实际情况，从建设原则、建设顺序、管理方式及保障措施等4个方面提出建设“15分钟便民生活服务圈”的有效方案。

第八章“老旧小区改造与居民共同利益实现”。首先介绍老旧小区改造所面临的共同利益实现难题，并对国资委所属的老旧小区进行调查分析，总结利益相关方的意见、看法和促进实现居民共同利益的措施实施效果情况，以及为促进老旧小区改造过程中居民共同利益的实现提供政策建议。

第九章“城市更新中的政企合作与企业力量”。通过对Z企业城市更新案例的分析，总结其提升参与城市更新竞争优势的路径，研究如何强化城市更新领域中的企业力量，并提出企业实施城市更新战略的重要模式与重要任务，以及加强城市更新过程中的政企合作。

第十章“城市更新治理能力提升与对策”。通过“百万庄案例”，总结城市更新治理能力提升的现实挑战，并以此为基础提出3个提升的重要维度、8条关于提升城市更新治理能力的对策建议，包括树立科学城市更新理念、制定合理长远规划方案、动态调整城市公共政策、完善多方协同治理机制、优化城市各类资源配置、努力拓宽棚改资金来源、加强社区公共空间建设、建立城市空间正义体系。

第二章　城市棚户区的形成

第一节　城市棚户区现象形成背景

从世界范围来看，城市化是全球性趋势，城市化进程对城市住宅和设施建设提出了严峻考验。根据联合国人类住区规划署报告显示，预计2030年，全球有60%以上的人口将居住在城市地区，其中90%的城市人口增长将发生在非洲、亚洲、拉丁美洲和加勒比海地区[①]。然而，由于各国普遍存在住房供给体制不当、机制僵化、政策落后等问题，导致难以满足新增城镇人口的住房需求及其城市基本生活的设施需求。加之市场机制左右城市规划、住房建设、财政等公共部门，成为住房供给的主导力量和因素，资本向更具商业价值的房地产市场聚集，加剧了住房市场供需不平衡，这种现象在发展中国家尤其突出。由于社会经济环境不同，全球范围内形成了不同类型的城市棚户区，这种现象在发展中国家尤为突出。例如，在亚洲每天有近12万人涌入城市，为满足新增人口住房需求，需要新建2万套住房及其配套基础设施。拉丁美洲内的城市新增人口住房缺口达到4 200万套，加勒比海地区缺口更大，已经超过5 200万套[②]。

从国内情况来看，城市棚户区的主要形态为棚户区和城中村。棚户区主要是指城市和矿区、林区、垦区的低收入人群聚居社区，其建筑年代久远，居住空间狭小，房屋结构陈旧，配套设施缺乏，居住条件落后，生活环境恶劣[③]。城中村则是指改革开放之后，随着城市扩张，城市周边村落原有耕地变成城市建设用地，村民保留宅基地并私自搭建大量住房，通过增容来满足城市外来人口居住需求并获得房租收入的产物[④]。棚户区和城中村等是我国新型城镇化亟待解决的重要现实问题[⑤]。

---

① https://unhabitat.org/cn/node/2969

② UN Habit. Housing & Slum Upgrading.https://unhabitat.org/urban-themes/housing-slum-upgrading/, accessed December, 2016.

③ 张道航 . 地方政府棚户区改造的模式及方略 [J]. 福建行政学院学报，2010（1）：18-22.

④ 李润国，赵青，王伟伟 . 新型城镇化背景下城中村改造的问题与对策研究 [J]. 宏观经济研究，2015（8）：41-47.

⑤ 孟延春，谷浩 . 城市更新视角下中西方城市贫困社区治理路径演变及改造模式研究 [J]. 公共管理评论，2017，26（3）：53-65.

第二节 城市棚户区的主要成因

城市棚户区是城市化进程中必须面对的发展问题，特别是相对可持续发展问题。城市棚户区本质上属于相对贫困，这种相对贫困来自不同社会阶层群体在经济实力和社会地位上的分化。随着城市化进程的推进，越来越多农村人口聚集在城市，成为城市困难群体。随着城市社会经济发展水平的提高，城市困难群体的收入水平也随之提高，但是，与主流社会相比，其被挤压在非常狭小的选择空间，居住环境和生活质量并没有因为收入水平的提高而得到实质性改善，甚至反而不如农村。最突出的表现在于城市棚户区的群体难以享受当地配套基础设施和公共服务，特别是医疗、教育、社会保障等[①②③]。

城市棚户区的成因复杂，主要原因可以概括为城市产业结构的变迁、住房供给体系转型和社会结构分化[④⑤⑥]。

（1）从后工业化时代开始，以采矿业、制造业为主的第二产业通过全球分工体系向发展中国家转移。发达国家原先劳动密集型产业的工人面临重新就业的压力，他们往往受教育程度低、劳动技能适用领域狭窄、自主脱贫能力较差，从而导致城市贫困现象不断蔓延[⑦]。类似的情况在国内同样比较突出，特别是在东北地区[⑧]。20 世纪 90 年代末，东北地区国企改革淘汰了大量效率低下、效益不好的企业，产生大批下岗工人。他们原先居住在单位提供的福利房，企业工人失业和收入水平骤降致使大量单位的住宅区变成城镇低收入困难群体聚集区，城市棚户区由此形成[⑨]。

---

① 张敦福 . 城市相对贫困问题中的特殊群体：城市农民工 [J]. 人口研究，1998，22（3）：50-53.

② 李敏 . 城市贫困的政策回应：实践与反思 [J]. 学术交流，2008，163（3）：131-134.

③ 袁媛，吴缚龙，许学强 . 转型期中国城市贫困和剥夺的空间模式 [J]. 地理学报，2009，64（6）：753-763.

④ Morris L D. Is There a British Underclass?[J].International Journal of Urban and Region Research,1993（17）:404-412.

⑤ Neef N. The New Poverty and Local Government Social Policies: A West German Perspective[J].International Journal of Urban and Region Research,1992（16）:202-212.

⑥ Waconant L J D. Urban Outcasts: Stigma and Division in the Black American Ghetto and the French Urban Periphery[J]. International Journal of Urban and Region Research,1993（17）:365-383.

⑦ Walks P A. The Social Ecology of the Post-Fordist/Global City? Economic Restructuring and Socio-spatial polarization in the Toronto Urban Region[J]. Urban Studies,2001（3）:407-447.

⑧ 张京祥，陈浩 . 基于空间再生产视角的西方城市空间更新解析 [J]. 人文地理，2012（2）：1-5.

⑨ 董丽晶，张平宇 . 城市再生视野下的棚户区改造实践问题 [J]. 地域研究与开发，2008，27（3）：44-47.

（2）住房供给体系市场化成为城市棚户区形成的加速器。政府通过市场化改革，实行公有住房货币化，鼓励城市居民购买原本由单位提供的“公家”住房。与此同时，房地产市场方兴未艾，新建的商品房比老旧的“公房”结构新颖、配套设施齐全，特别是新建小区打破原来的“家属区”束缚。在市场化作用下，收入水平、支付能力和信贷能力充足的城市居民向新建商品房市场聚集，原来的“公房”被出售，吸引了收入水平、支付能力和信贷能力相对较低的群体购买或租住，在社会阶层新的空间布局下，城市棚户区随之形成。

（3）城市社会结构重构导致两极分化，加剧了城市棚户区的隔离与固化。城市社会空间分异是“城市社会要素在空间上明显不均衡分布的现象”①，反映了城市社会阶层分化与空间隔离的城市发展现象②。住房供给体系市场化使资本对城市发展的影响更为深化，城市社会空间由单一化向多元化，甚至碎片化转变，城市经济重构和产业转移导致城市郊区新增就业机会与城市中心劳动力存量形成“空间错位”，重构了城市社会空间，城市棚户区成为新的城市社会空间的重要组成要素③。综观城市，棚户区与单位住宅区、商品房小区、别墅区、城中村等多种居住形态混杂形成凌乱无序的城市空间④。

第三节　棚户区形成机理

一、经济因素：发展欠缺

贫困是形成国外城市棚户区的核心因素，分析其贫困的产生机制是棚户区改造的关键。西方学者广泛应用相对贫困的概念来分析城市贫困机制。相对贫困是与某一种生活标准比较而呈现的贫困状态。它不会随着社会财富总量或人均占有量的增加而自动减少或消失。它反映了一定社会经济发展水平下，收入虽能达到或超过维持基本生存的需要，但仍处于较低生活水平的贫困状况。特别是20世纪60年代以来，西方社会学者引入“剥夺”

① 冯健，周一星．转型期北京社会空间分异重构[J]. 地理学报，2008（8）：829-844.

② 李国庆．棚户区改造与新型社区建设——四种低收入者住区的比较研究[J]. 社会学研究，2019（5）：44-68.

③ Smith N. New Globalism, New Urbanism: Gentrification as Global Urban Strategy[J]. Antipode,2002, 34（3）:427-450.

④ 孟延春，谷浩．城市更新视角下中西方城市贫困社区治理路径演变及改造模式研究[J]. 公共管理评论，2017，26（3）：53-65.

概念，阐述西方国家在进入后工业化发展过程中，贫富分化明显，底层阶级不仅在收入上趋于贫困，缺乏日常所需的用品，同时缺乏必要的教育和就业机会，且不能享受到当地配套基础设施等①。剥夺概念的应用研究更加关注城市贫困人口的社会条件和生活状况，考虑不同区域及城市社会经济的差异性，更有利于分析贫困社区产生的多重因素。通过建立剥夺指标，可以引导公共资源分配到被剥夺的地区，实现地区平衡和可持续发展。但是，值得注意的是，西方的剥夺研究是建立在完全市场经济的背景下，贫困人口集中度与地区剥夺水平联系紧密②。我国棚户区中的国有企业职工大多拥有固定的房屋产权，下岗失业人口以经济困难为主，住房、教育、基础设施等方面的被剥夺状况并不明显。

二、社会因素：阶层分化

住房福利体系的变革是导致贫困社区形成的重要原因之一。20 世纪 70 年代起，西方政府面临“二战”结束以后长期公共住房建设累积起来的巨大财政压力，市场化与私有化成为政府房屋福利政策改革的主要方向③④。例如，英国政府出台“购买权”计划，推出优惠的金融贷款，鼓励民众购买公共住房，却加速了公共住房社区的边缘化，形成贫困社区。我国 1998 年开始改革住房福利体系，停止公房供应，各单位通过兴建私房和出售公房将住房私有化，部分经济条件较好的业主搬出单位大院，将房屋出售或出租，为外来人口提供聚集地⑤。因此，我国部分国有单位棚户区中聚集着大量外来低收入务工人员（农民工），增加了我国棚户区改造的复杂性。

三、空间因素：居住分离

城市在全球化资本的影响下，城市社会空间由单一化向多元化和差异

---

① Smith D P. Geographies of long-distance family migration: Moving to a ‘spatial turn’ [J]. Progress in Human Geography, 2011, 35（5）：652-668.

② 袁媛，吴缚龙，许学强. 转型期中国城市贫困和剥夺的空间模式 [J]. 地理学报，2009，64（6）：753-763.

③ Smith D P. Geographies of long-distance family migration: Moving to a ‘spatial turn’ [J]. Progress in Human Geography, 2011, 35（5）:652-668.

④ Smith D P. The social and economic consequences of housing in multiple occupation （HMO） in UK coastal towns: Geographies of segregation[J]. Transactions of the Institute of British Geographers, 2012, 37（3）:461-476.

⑤ Zhang C, Chai Y W. Un-gated and integrated work unit communities in post-socialist urban China: A case study from Beijing[J]. Habitat International, 2014, 43:79-89.

化转变，呈现出破碎化的特征，打破了原有工业城市的固定空间模式[①]。中产阶级向郊区转移，而内城人群因通勤、就业选择等方面的制约，受困于内城棚户区。2006—2007年，以吴缚龙为首的团队在研究我国城市棚户区时指出，当年国企改革产生的大量下岗工人居住的内城社区，是城市空间中的低收入群体高度聚集点，反映出内城衰落是中西方面临的共同问题[②③]。与此同时，城市空间私有化加剧了城市内部两极分化，“分割的城市”普遍出现在全球城市中[④]。一方面，富裕阶层为维护自身利益建设或选择居住在封闭小区，以隔离其他低收入阶层；另一方面，外界主流社会的排斥是加剧城市社会空间分化和棚户区形成的重要原因。而国内情况有所不同，城市的封闭小区类型多、分布广，社会经济体制转型和住房供给系统市场化带来的商品房市场分化，以及国企改革带来的就业结构深刻调整，供给侧和需求侧的共同作用成为棚户区形成的主要原因。

---

① Walks P A.The Social Ecology of the Post-Fordist/Global City? Economic Restructuring and Socio-spatial polarization in the Toronto Urban Region[J].Urban Studies, 2001（3）:407-447.

② 何深静，刘玉亭，吴缚龙，等 . 中国大城市低收入邻里及其居民的贫困集聚度和贫困决定因素 [J]. 地理学报，2010，65（12）：1464-1475.

③ 孙立平 . 转型与断裂：改革以来中国社会结构的变迁 [M]. 北京：清华大学出版社，2004.

④ Goix L R. Gated community: sprawl and social segregation in Southern California[J]. Housing Studies, 2005, 20（2）:323-343.

第三章　国内外城市更新路径比较

第一节　城市更新路径探索历程

一、西方城市贫困社区更新路径及其演变

自20世纪初以来，伴随城市相关主体对城市社会空间观念和实践的演变，西方城市贫困社区治理大致经历了3个阶段①。

（1）第一阶段是20世纪初到20世纪60年代，以“物质决定论”为主导，以物质环境建设为中心，以提升城市形象为目标，以清理贫民社区为手段。城市中心区位价值开始引起政府的关注，为了充分挖掘城市中心土地的商业价值，政府掀起了一场对城市中心老旧街区清拆、治理的运动，如20世纪初英国清拆贫民窟的行动。1930年，英国政府颁布“格林伍德法案”，要求各个地方政府全面清理“背靠背房屋”②，这个法案也因此被称为“贫民窟清理法案”。这些房屋大多修建于维多利亚时代，是工业革命爆发后大批产业工人的聚集地。第二次世界大战的爆发中止了这场清拆贫民窟行动。但是，由于战争造成大量房屋损毁，因此，英国政府于1946年启动了“新城镇运动”，改造重建房屋，并在此过程中迅速以新建的商业中心取代了城市贫民窟。发端于20世纪初的清理贫民窟行动，在二战之后得以延续和扩展，原先生活在城市中心的低端收入人群被迫迁往郊区社会福利房居住。这一阶段的城市贫困社区治理的本质是，政府以法令形式对城市贫困人群进行强制性重新安置，结果是在城市郊区形成新的贫困住区，同时导致一系列社会问题，包括社会骚乱和社区犯罪率的上升③。

（2）第二阶段是20世纪60年代到20世纪70年代，以修缮替代重建，以解决贫困社区的社会矛盾和社会冲突为重点，以提升贫困社区的居民生活质量为目标，以增加社会服务为手段。由于20世纪60年代之前，以政府为主导的清拆贫民窟行动带来的社会问题备受争议，因此，这一

---

① Carmon N. Three Generations of Urban Renewal Policies: Analysis and Policy Implications[J]. Geoforum,1999,30:145-158.

② “背靠背房屋”的主要特征是空间面积狭小，基础设施缺损落后，居住环境恶劣。

③ Short J R. Housing in Britain: The Post-War Experience[M]. London: Methuen，1982.

阶段，政府把贫困社区治理重心转移到社区整体的建设。如 1964 年美国总统林登 • 约翰逊实施的“伟大社会”行动，通过增加就业、提高社会救济和社会保险，为不能满足基本生活需求的低收入家庭提供切实的帮助。这个行动的主要思路是，联邦政府和地方政府以 4 ： 1 的比例共同出资，解决贫困社区居住和生活问题。大部分资金用于教育、医疗、公共安全等基本公共服务领域，小部分资金用于修缮房屋和配套基础设施。但是，莫伊尼汉指出，诸多社区建设项目被复杂的条例所限制，并没有产生实效。[①]

（3）第三阶段是 20 世纪 70 年代之后，政府、企业和居民逐渐形成多元合作主体，共同实施贫困社区的改造。由于 20 世纪 70 年代的世界经济出现明显下滑，发达国家城市中心的土地价格大幅下降，因此成为私人投资的热门选项。加之此前重视贫困社区基本公共服务供给的理念培育了很多社会力量，带来了贫困社区合作治理的重大变化。

其一，城市中产阶级关心城市社会空间品质，担心与他们生活和工作相关的社区衰退为贫困社区，因而形成一股社会力量，个人联合出资对自己居住的社区及其周边环境进行翻修改造，发起了一场持续的“绅士化运动”[②]。还有部分居民通过非营利组织，借助信用贷款，对社区进行升级改造，以防止社区衰退[③]。新一代高知移民群体也是重要的推动力量，他们接受过良好的高等教育，拥有较好的职业技能，对自己居住的社区加以改造的愿望更为强烈，能力和资源也比较充裕，因此，他们对城市贫困社区治理产生了积极影响，在纽约、洛杉矶、迈阿密等大城市尤为突出[④]。

其二，私人资本取代政府资金，在贫困社区改造中发挥主导作用。在政府与私人资本合作中，政府主要负责为私人资本创造有利的投资条件，目的是吸引足够多的私人资本选择城市中心的贫困社区作为投资改造对象，通过建设大型商业综合体、会议中心、高级商品房，以消除城市中心的贫困社区。如英国政府实施的“旗舰开发计划”，通过调动私人资本投资来建设大型住宅项目及其配套的高端商场，对原有贫困社区进行彻底的改造。

通过上述 3 个阶段的比较，西方城市贫困社区治理路径及其演变过程表明，政府主导以物质层面改造为核心的城市贫困社区治理，无法解决贫

---

① Moynihan D P. Maximum Feasible Misunderstanding[M]. New York:Free Press,1969.

② Smith N. The New Urban Frontier: Gentrification and the Revanchist City[M]. London: Routledge,1996.

③ Murrie A. Neighborhood Housing Renewal in Britain, in Neighborhood Policy and Programs: Pant and Present, edited by Carmon, N. London: Macmillan,1990.

④ Winnick L. New People in Old Neighborhood[M]. New York: Russel Sage Foundation,1990.

困社区居民之间的社会矛盾和冲突，反而进一步加剧了问题的严重程度。政府转而倡导提升城市贫困社区基本公共服务、提升贫困社区生活质量，理念进步很大，实际实施力度却跟不上，城市贫困社区治理效果并不明显，但是培育了重要的社会力量，对后来的城市贫困社区治理产生了积极影响。政府、私人资本和居民个人的多元合作治理，明显较好地解决了城市贫困社区物质层面和社会空间品质层面存在的问题。

二、我国城市棚户区更新路径

2000年之前，我国城市棚户区治理的主要路径是以政府为主导，以公共财政专项资金支持的公共部门协同合作，治理重心是城市棚户区的物质建设①。2000年以后，部分省市根据自身城市的发展需求和地方实际情况，开展了一系列住房改造工程。其中，城市工矿棚户区改造最为典型。2005年，辽宁实施了大规模棚户区改造工程，根据国有工矿企业集聚、下岗工人规模庞大的现实情况，依靠中央财政资金支持，修缮工矿棚户区住房，并对棚户区居民进行大规模的搬迁②。2008年，广东开展“三旧改造”运动，以旧城镇、旧厂房、旧村庄为改造目标，各地方政府牵头成立“旧改办”，重点对外来人口集聚的城中村进行改造升级，盘活城镇土地存量，提升土地利用价值③。

2014年，中央政府把棚户区改造提升到国家战略层面。国务院要求2015—2017年内改造各类棚户区住房1 800万套（包括城市危房和城中村）④，各省各地制定城镇棚户区和城乡危房改造及配套基础设施建设三年计划，设计城镇棚户区改造应对方案⑤。其中，特别强调资本市场对棚户区改造的作用，鼓励国有大中型企业和商业银行参与。

我国城市棚户区改造以政府为主导力量，统筹协调实施各项改造工作。首先在棚户区问题突出的省份进行试点，逐步推进到中央政府统一部署。棚户区改造进入国家战略层面之后，社会资本力量开始参与，但居民个体

---

① 郑文升，丁四保，王晓芳，等. 中国东北地区资源型城市棚户区改造与反贫困研究 [J]. 地理科学，2008，28（2）：156-161.

② 苏春艳，孟翔飞. 棚户区治理的模式与政策选择——以辽宁抚顺、阜新、本溪棚户区改造为个案 [J]. 社会科学辑刊，2016，266（5）：53-57.

③ 周晓，傅方煜. 由广东省“三旧改造”引发的对城市更新的思考 [J]. 现代城市研究，2011，（8）：82-89.

④ “十三五”时期，城镇棚户区住房改造开工超过2 300万套。参见《中华人民共和国国民经济和社会发展第十四个五年规划和2035年远景目标纲要》。http://www.gov.cn/xinwen/202103/13/content_5592681.htm.

⑤ 参见《国务院办公厅关于进一步加强棚户区改造工作的通知》（国发办〔2014〕36号）。

参与共同治理的特征并不明显①。

第二节　中西方城市更新的改造模式比较

一、西方城市贫困社区主要改造模式

“二战”结束以后，欧美等西方国家开展了大规模以重振经济为目的的城市更新计划，包括清理贫民窟、邻里重建等过程。这些大规模拆除重建的城市更新计划在初期带来了城市的繁荣，但随后也暴露如交通堵塞、破坏邻里等诸多社会问题②。国外学者对于城市更新中暴露的社会问题进行了反思和研究，以人为中心的城市更新理念逐渐深入人心。刘易斯·芒福德指出，清理贫民窟的城市更新计划只是带来了表面的繁荣，本质上依然是对社区的破坏③。

20 世纪后 30 年，西方各国开始出现居民自发成立的社区组织，通过内部协商来维系居民关系、处理外部事务，成为一种准民主的体现。与此同时，另一种自下而上的自愿式更新随着社区居民的受教育情况、经济状况、社会地位的不断改善应运而生，居民开始直接参与到社区更新的全过程中。西方各国社区的更新方式转变为居民通过取得政府补贴和资金支持来改善社区环境，创造就业岗位，构建和谐关系。

在理论研究方面，曼瑟·奥尔森指出，集团收益的公共产品属性促使每一名集团成员“搭便车”。集团越大，分享收益的人就越多，而为集团利益做出贡献的人的收益就越小，经济人或理性人因追求自身利益最大化而不会选择采取行动。为了解决集团成员“搭便车”的问题，曼瑟·奥尔森提出，应该对为集团利益做出贡献的成员给予额外的奖励，对违背集团利益规则的成员给予批评甚至处罚④。考虑到集团规模增大后选择性激励的成本将变得高昂，曼瑟·奥尔森认为在集团成员人数较少且总成本较低的小集团中，个人利益与集体利益是可以实现一致的。然而，埃莉诺·奥斯特罗姆对运用完全理性模型预测“集体行动困境”提出了质疑，并指出大量实验和调查证明，完全理性模型偏离日常生活实际，缺乏普遍适用性。

① 孟延春，谷浩 . 城市更新视角下中西方城市贫困社区治理路径演变及改造模式研究 [J]. 公共管理评论，2017，26（3）：53-65.

② Jacobs J. The Death and Life of Great American Gities[M]. Random House, 1961.

③ Mumford L. The City in History: Its origins, its Transformation, and its Prospects[M]. Harcourt, Brace & World, 1961.

④ 曼瑟·奥尔森， 陈郁等译 . 集体行动的逻辑 [M]. 上海：上海人民出版社，2018.

她指出，初次合作水平远高于零，实际行为与逆推结果不一致，个体不倾向于使用且没有学会纳什均衡，这些一般性发现是对完全理性模型的强有力否定，沟通和创新是两种摆脱“集体行动困境”的途径①。她认为，信任、互惠和信誉可以克服个体短视自利，是构建集体行动理论模型的核心②。

概括而言，西方城市贫困社区治理实践包含城市增长联盟、国家—地方转移支付联盟、社区开发公司合作等 3 种主要模式③。

（1）城市增长联盟改造模式。以私有化、市场化为核心理念，在城市社会空间改造过程中，强调私人企业的主体地位，公共部门职责集中体现为创造便利、良好的投资条件④。由于对公共部门和私人企业之间的合作提出很高的要求，因此这种模式广泛适用于高度发达的城市。以英国为例，政府以城市开发公司为载体，通过市场化手段推动各种商业房地产开发项目，吸引私人企业投资，利用这些项目的“涓滴效应”，让城市贫困社区居民分享城市物质空间和社会空间的改善成果，以此帮助解决贫困社区的社会问题，达到贫困社区的治理目的⑤。这种模式的本质是公共部门和私人企业共同追求城市土地价值最大化以及双方互利共赢⑥。因此，有学者指出，城市增长联盟改造模式下的公共政策制定与项目实施，是城市精英主义主导的产物，缺少城市公民特别是城市贫困社区居民的参与和监督⑦。这种理论得到一些社会组织和社会团体的认同，他们要求改变这种精英主义模式及其利益分配机制，鼓励公民参与并加大对城市贫困社区群体的补偿⑧。

（2）国家—地方转移支付联盟改造模式。除了经济高度发达的城市外，其他城市同样面临贫困社区治理问题，但是这些地方往往公共资源有

---

① Ostrom E. A Behavioral Approach to the Rational Choice Theory of Collective Action[J]. American Political Science Review, 1998（1）: 1-22.

② 任恒 . 埃莉诺·奥斯特罗姆自主治理思想研究 [D]. 吉林大学，2019.

③ 孟延春，谷浩 . 城市更新视角下中西方城市贫困社区治理路径演变及改造模式研究 [J]. 公共管理评论，2017，26（3）：53-65.

④ Logan J, Molotch H. Urban Fortunes: The Political Economy of Place[M]. Los Angeless, CA: University of California,1987.

⑤ 董玛力，陈田，王丽艳 . 西方城市更新发展历程和政策演变 [J]. 人文地理，2009，109（5）：42-46.

⑥ 张衔春，易承志 . 西方城市政体理论：研究论域、演讲逻辑与启示 [J]，国外理论动态，2016（6）：112-121.

⑦ Swyngedouw E, Moulaert F, Rodriguez A. Neoliberal Urbanization in Europe: Large-Scale Urban Development Projects and the New Urban Policy[J]. Antipode, 2002（3）:547-582.

⑧ Zhang C, Chai Y W. Un-gated and integrated work unit communities in post-socialist urban China: A case study from Beijing[J]. Habitat International, 2014，43：79-89.

限、经济不景气、投资回报率低且风险高。在此条件下，形成了一种国家—地方转移支付联盟改造模式[①]，如德国在1990年联邦德国与民主德国合并之后，民主德国人口迅速西移，进一步加剧自东向西的经济聚集，导致民主德国大部分城市经济衰退，贫困社区滋生蔓延。为了对城市贫困社区实行有效治理，德国联邦政府设立贫困社区改造专项资金，地方政府依靠联邦政府转移支付主导贫困社区改造。城市贫困社区的一部分公寓归租赁公司所有，地方政府动用一部分专项资金，鼓励租赁公司拆除城郊破败的公寓，同时对城市中心的贫困社区进行投资改造，并建设新的基础设施。通过这两方面的努力，吸引贫困社区居民向城市中心聚集，以提高城市中心的人口密度和经济密度[②]。国家—地方转移支付联盟改造模式本质上是一种政府宏观调控手段，即以政府为主导，调动企业力量，推动贫困社区的社会空间转型，从而实现治理的目的。这需要强大的中央政府宏观调控能力和财政支持，同时对中央政府和地方政府的统筹协调和政策执行能力提出较高的要求。

（3）社区开发公司合作改造模式。由于政府主导的城市贫困社区改造模式对经济发展水平或政府治理能力要求比较高，很多情况下并不具备相应的现实条件，但贫困社区治理的需求并不会因此而减退。因此，出现了一种较少依赖政府的多方合作改造模式。当地居民、小型企业主和其他相关利益者共同组成了社区开发公司，作为贫困社区的改造主体，因地制宜地改造社区社会空间[③]。这种模式本质上是利用多元社会资本来提升城市贫困社区的社会空间品质。但是，也有学者指出，这种模式加剧了城市社会空间的分隔与社会排斥，加深了城市社会空间的隔离与不均衡发展[④]。

二、我国城市棚户区主要改造模式

我国城市棚户区改造始终以政府为主导，多元社会主体和市场力量逐步参与，主要包括政府主导下的多方协同改造模式和以利益保障为引领的统筹规划改造模式。

（1）政府主导下的多方协同改造模式。政府在棚户区改造中的定位是决策核心。地方政府是棚户区改造项目的发起人，发挥政府宏观调控和

---

① Bernt M. Partnerships for Demolition: The Governance of Urban Renewal in East Germany's Shrinking Cities[J]. International Journal of Urban and Regional Research, 2009（9）:754-769.

② 李翔，陈可石，郭新. 增长主义价值转变背景下的收缩城市复兴策略比较——以美国与德国为例 [J]. 国际城市规划，2015，30（2）：81-86.

③ Keating W D，Krumholz N，Star P. Revializing Urban Neighborhoods[M]. Kansas: University Press of Kansas, 1996.

④ Low S. The Edge and the Center: Gated Communities and the Discourses of Urban Fear[J]. American Anthropologist, 2001（1）:45-58.

社会动员作用，重点实施“联片改造”。棚户区改造协议和协议出让项目必须经过政府严格审查审批，以确保改造措施得以落实[①]。如广州“三旧改造”，政府通过土地收储方式来增加土地存量，重点改造棚户区中商业价值较高的社区，向房地产开发商出让土地使用权，由此获取土地收益，并以货币的形式补偿棚户区拆迁的居民。这种模式得到广泛运用[②]。但货币补偿方式缺少保障性住房供给功能，还破坏了城市社区空间、社会网络和社会文化，难以实现短期收益和长期发展之间的良好平衡。

（2）以利益保障为引领的统筹规划改造模式。政府以确保棚户区居民利益诉求为宗旨，在棚户区改造过程中，统筹发挥宏观指导、规划制定、基础设施建设、公共服务供给、棚户区居民就业保障和社会事务等多方面作用，重点妥善处理房屋产权和利益分配问题[③]。典型如北京城中村改造，市政府统一部署，自上而下实施城市棚户区重点村改造工程，以区政府、乡镇政府及其所属开发公司为代理人，按照上级政府工作部署实施城中村房屋拆迁和补偿谈判。房地产开发商在二级土地市场通过“招拍挂”等方式获得被改造的城中村土地开发权，间接提供棚户区改造资金。被改造社区的居民虽然没有决策权，但是具有谈判权。这种改造模式逐渐受到各地政府青睐，对加快城市棚户区改造具有积极作用[④]，但需要政府提供大量公共财政专项资金的支持，以及较高的社会治理水平。例如，在重点村棚户区改造中，北京市政府投入公共财政专项资金 161 亿元。面对部分棚户区居民的不合理补偿诉求甚至“钉子户”，区政府妥善处理了谈判难题。

以利益保障为引领的统筹规划改造模式将利益保障局限在本地居民群体，缺乏对棚户区外来人口的关注，导致改造后的外来人口为解决居住问题而转移到周边其他地区，重新聚集并形成了新的“城中村”[⑤]。这个问题并没有得到很好解决，例如，虽然北坞村、唐家岭的改造配套建设了外来人口出租屋，但供需缺口依然很大，一方面容量严重不足，另一方面价格只有中高收入的外来人口才能承担得起。

---

① 贾生华，郑文娟，田传浩 . 城中村改造中利益相关者治理的理论与对策 [J]. 城市规划，2011，35（5）：62-68.

② 谭肖红，袁奇峰，吕斌 . 城中村改造村民参与机制分析——以广州市猎德村为例 [J]. 热带地理，2012，32（6）：618-625.

③ 张磊 .“新常态”下城市更新治理模式比较与转型路径 [J]. 城市发展研究，2015，22（12）：57-62.

④ 冯晓英 . 北京重点村城市化建设的实践与反思 [J]. 北京社会科学，2013（6）：56-62.

⑤ 孟延春，谷浩 . 城市更新视角下中西方城市贫困社区治理路径演变及改造模式研究 [J]. 公共管理评论，2017，26（3）：53-65.

第四章　我国棚户区改造政策的渐进调整

随着城镇化进程的加快，棚户区作为城镇弱势群体的主要聚集地，其居民居住环境较差，且难以享受基本公共服务，是城市二元结构矛盾形成的主要原因之一，并严重影响城市的可持续发展。在“以人为核心”的新型城镇化背景下，国家大力推进棚户区改造，不仅有效改善困难居民的住房条件，还有利于促进城市改造更新与社会和谐稳定。一直以来，我国政府十分重视棚户区改造，自2008年以来，中央政府将棚户区改造纳入保障性安居工程行列之后，全国各地开始大规模实施棚户区改造工程。根据国务院的公开文件显示，2008—2014年总计改造完成了2 080万套棚户区住房，并制定2015—2017年完成各类棚户区改造1 800万套住房的工作计划。由此可见，棚户区改造是我国一项规模巨大的民生工程，这不仅需要大量的人力、物力保障，也需要各政府部门的相互配合和支持。本章从渐进主义理论视角分析国内棚户区改造政策，可以看出不同阶段的政策取向和作用。

第一节　第一阶段：2007—2012年

国家发改委、财政部和住建部等3个部门共出台了5份文件，开启了我国棚户区改造工作，划定了棚户区改造范围与类型，提出了安置补偿方案，设立了棚户区改造专项基金。

2007年，国务院出台24号文件，开始实施具体的棚户区改造工作。尽管这份文件以解决城市低收入人群的家庭住房为目标，但将棚户区改造划分为改造工程的一部分，奠定了第一阶段的棚户区改造的基础。该文件第十三条提到“对集中成片的棚户区，城市人民政府要制定改造计划，因地制宜进行改造，困难住户的住房得到妥善解决”。由此说明，在第一阶段由地市一级城市政府领导的改造工程中，棚户区改造的范围划定在集中成片的城市区域，改造棚户区中的低收入人群是以提升住房质量、社区环境和配套设施为目标。值得注意的是，该文件第十五条将城中村改造与棚户区改造分成两类改造住房，强调提供集体宿舍给居住在城中村的农民工。但该文件只部署了棚户区改造的总体工作要求，并没有出台相关的具体政策措施支持棚户区改造工作，也没有强调其他部门配合棚户区改造工作，因此 24 号文件仍有一定局限性。

2009 年，住建部出台的 295 号文件，将棚户区划分为城市棚户区和国有工矿棚户区两种类型，分别有针对性地出台了相关指导意见，继续优先改造集中连片的棚户区，强调改造范围较大的、困难群众集中的棚户区。住建部在 2007 年国务院出台的 24 号文件的基础上，细分了棚户区改造类型，这有利于针对性地开展棚户区改造工作。其次，295 号文件出台了补偿安置方案："城市和国有工矿棚户区改造实行实物安置和货币补偿相结合的方式，由被拆迁人自愿选择"。该条例说明住建部一方面需要提供保障性住房来安置居民，另一方面住建部规定提供货币补偿，让一部分棚户区改造居民可以在房地产市场自由选择商品住房。

2010 年，财政部相继出台 8 号文件和 46 号文件，以提供棚户区改造资金资助。首先，8 号文件明确指出："财政部要参与制定棚户区改造规划和年度计划，改造拆迁安置补偿方案。"明确定义了财政部是我国棚户区改造工程的重要参与部门，需要具体制定棚户区改造资金补偿方案。其次，8 号文件提出了 4 种资金筹集渠道。①市、县财政部门做好充足的棚户区改造专项资金预算，保障棚户区改造工程实施。②省级财政部门通过提供奖励金表彰棚户区改造中的优异市、县单位，来有效地促进市、县政府积极推进棚户区改造工作。③市、县政府可以使用廉租住房建设资金，建设保障性住房，落实好实物安置补偿方案。④中央政府采用一定的资金补助方式支持地方政府进行棚户区改造工程。同年出台了 46 号文件，设定中央补助城市棚户区改造专项资金的分配办法，专项资金的核定将各地区改造的面积与户数和地区财政力量进行综合考虑，将专项资金的分配定量化，提高资金的使用效率。同时，财政部也对国有工矿区改造出台相关计算办法，进行专项资金补贴。

2012 年，住建部的 190 号文件在原住建部 295 号文件的基础上，将棚户区进一步细化成 4 大类：城市棚户区（危旧房）；国有工矿（煤矿）棚户区；林区棚户区和国有林场危旧房；国有垦区危房。住建部在 2009 年的两类棚户区的基础上，新增了林区与垦区 2 类棚户区，进一步将棚户区类型全面化。各地方政府可以依据自身的实际情况，有针对性地实施不同类型的棚户区改造，体现了住建部棚户区改造政策关于棚户区改造范围和类型的政策增量内容。

这一阶段中 3 个部门发挥各自职能，在扩大棚户区改造范围和类型上达成共识并不断调整，从最早国务院提出大城市棚户区到 2009 年住建部的 2 类棚户区和 2012 年的 4 类棚户区。该阶段确立了棚户区改造是我国民生工程的重要部分，划定了棚户区的范围类型，奠定了棚户区改造的基础。

第二节　第二阶段：2013—2014 年

3 个部门主要出台了 4 份文件，划定了每年棚户区改造的具体数量，强调了新的安置补偿方法，加强了棚户区改造资金的支持力度。

2013 年，国务院出台了第 25 号文件，提出 2013—2017 年改造 1 000 万户棚户区住房的目标。该目标建立在 2009 年住建部第 295 号文件中 4 类棚户区划分的基础上。具体来说，城市棚户区改造需要完成 800 万套改造，并将城中村改造划入到城市棚户区改造范围。而第一阶段的国务院 24 号文件，则将城市棚户区改造与城中村改造划分成 2 类低收入人群聚集地分别改造。改造国有工矿棚户区住房 90 万套，改造国有林区棚户区住房和国有垦区危房分别为 30 万套和 80 万套。而国务院在第二阶段提出，重点改造资源型城市及独立工矿区棚户区，积极推进非成片棚户区、零星危旧房改造。由此可见，国务院将棚户区改造集中到了资源型城市及独立工矿区。由于该时期，我国诸多资源型城市及工矿区面临着产业转型升级的压力，国有企业体制改革后遗留了大量的失业工人居住在原属国企老旧职工住房，需要通过棚户区改造工程，优先改善居民居住条件。因此，国务院在第二阶段提出了改造户数要求，实施量化管理，能够有力督促各地方政府完成棚户区改造目标。2013 年，住建部出台 52 号文件，重点调整了补偿安置方法。该文件规定对实物安置提出了新的要求，以原地重建和异地建设相结合，优先就近安置。就近实物安置棚户区改造居民，有利于棚户区改造居民不脱离原先熟悉的居住环境，以保存社会网络与社会关系。

2014 年，国务院出台 36 号文件，针对庞大的棚户区改造户数量，规定成立专业性质的金融部门提供棚户区改造资金支持，提出了新的政策条款，成立国家开发银行住宅金融事业部，以支持棚户区改造。同年，财政部出台 14 号文件，加强拆迁补偿的资金力度。文件将中央补助廉租住房保障专项资金、中央补助公共租赁住房专项资金和中央补助城市棚户区改造专项资金，归并为中央财政城镇保障性安居工程专项资金。棚户区资金管理办法从单一的棚户区改造资金转向综合性的专项管理资金，与上一阶段的资金管理办法相比，这一阶段的资金管理办法更具综合性和系统性，扩大资金量、优化低收入住房保障资金结构，为拆迁居民提供保障资金。

这一阶段的3个部门主要对棚户区改造进行了量化管理，调整补偿办法改为以就近实物安置为主，成为了该阶段棚户区改造政策的渐进调整主线。

第三节　第三阶段：2015—2017年

在第三阶段中3个部门出台了4份文件，继续扩大棚户区改造户数，强调货币化安置补偿措施，提出了新的棚户区改造模式。

2015年，国务院出台37号文件，提出了2015—2017年改造1 800万套棚户区住房的改造工作目标。同时，国务院提出在棚户区改造安置补偿上需要强化货币化安置的比例。重要的是，国务院在该文件中提出了鼓励政府购买棚户区改造服务和政府与社会资本合作的2种棚户区改造模式。由此可见，在第三阶段，国务院不仅继续扩大了改造棚户区户数，而且改变了在第二阶段中就近实物安置的办法，改为货币补偿安置，积极引入社会资本参与棚户区改造，发挥市场机制扩大融资渠道，鼓励多元主体共同参加棚户区改造的新趋势。

2016年，住建部出台156号文件，以呼应2015年37号文件中提高棚户区改造货币化安置比例的政策内容。在第三阶段，政府采用货币化安置的手段，通过市场机制让棚户区改造居民在房地产市场自主选择安置住房。尽管住建部在该份文件中强调了货币化补偿安置是对第二阶段补偿方式的调整，但却是基于第一阶段补偿安置方法框架进行的调适，是对补偿安置方法内容的不断调整。 同年，财政部出台的11号文件提出措施，继续积极配合国务院和住建部提出的货币化改造模式。在此阶段政府货币化的安置方式作为财政部参与棚户区改造工作的重点，综合反映财政部压缩棚户区改造周期，节约成本的整体趋势。具体而言，货币化安置主要包括三种形式：①居民自行购买商品房；②政府购买商品房卖给安置居民；③直接给予货币补偿。对于选择自行购买商品房的居民，政府将引导开发商将普通商品房转为安置房，棚户区改造居民可自行购买，以有效缓解商品房的库存压力。政府购买商品房卖给棚户区改造居民的形式，通常价格不会高于所在城市均价，政府集中购买有利于棚户区改造居民享受价格优惠。货币补偿是一种高度自由的安置方式，棚户区改造居民可以利用安置补偿选购与工作地点相近的住宅，以满足居民多样化的需求。

2017年，财政部出台2号文件，规定分配给某地区的保障性安居工程专项资金总额，与第一阶段和第二阶段的专项资金管理办法相比，此阶段将上年度绩效评价结果加到计算办法中，成为影响当年地区专项资金的影响因素，建立起更加公平客观的动态评估方式，有利于激励地方政府持续提高资金使用效率。

总之，在第三阶段中 3 个部门调增了棚户区的改造户数，达成了以货币化补偿安置为主的政策共识。住建部和财政部相继出台文件，鼓励以货币化的补偿办法来安置棚户区改造居民，扩大棚户区改造资金来源，鼓励社会资本进入棚户区改造项目，成为该阶段渐进调适的主要内容。

第四节　棚户区改造政策的渐进调整特征

综合上述三个阶段，棚户区改造政策主要有以下 3 方面的特点。

（1）棚户区改造的范围和类型划定，符合渐进决策按部就班原则，保证决策过程的连续性。尽管国务院在第一阶段出台了一份相关文件，确定了城市棚户区改造这一类型。住建部则相继出台建保〔2009〕295 号和建保〔2012〕190 号文件，细分了城市、工矿区、林区和垦区等 4 类棚户区。住建部按部就班地深化政策内容，适度调整内容增量，最终形成了我国 4 类棚户区改造的基本框架，确保了公共政策的可实施性。

（2）棚户区改造的数量化管理体现了渐进决策积小变大的原则，逐步实现政策目标。在住建部确定的 4 类棚户区改造的基础上，国务院在第二阶段出台国发〔2013〕25 号文件，依据不同类型的棚户区，分别制定对应的改造目标数量，使得实施棚改工作更有针对性。重要的是，国务院在第三阶段出台国发〔2015〕37 号文件，提高了 4 类棚户区的改造数量，从 2013—2017 年的 4 年改造 1 000 万套到 2015—2017 年的 3 年改造 1 800 万套。棚户区住房改造数量不断累积增加，由量变向质变转变，并实现公共政策的服务目标。

（3）在棚户区改造拆迁补偿方面，反映了渐进决策稳中求变的原则，实现棚户区改造政策的可持续性。在第一阶段，住建部明确规定拆迁补偿要坚持实物与货币相结合的方式，由居民自由选择。在第二阶段，住建部则强调优先以就近实物安置的方式为棚户区改造居民提供住房，改变了原先实物安置与货币化安置相结合的原则。在第三阶段，国务院出台国发〔2015〕37 号文件，重点强调提高货币化补偿安置比例，将拆迁补偿的工作重心转移到货币化安置上。紧接着，住建部出台文件要求提高货币化安置比例，强调通过市场机制和市场供给来消化棚户区改造居民的住房需求。财政部积极配合国务院和住建部在第三阶段货币化安置的政策要求，出台政策措施，提供安置资金，鼓励棚户区改造居民购买商品房。由此可见，棚户区改造拆迁补偿原则是决策稳中求变的集中表现。第二阶段和第三阶段的变化调整，都是基于第一阶段的基本要求和基础，政府调整公共政策内容都是为切合不同阶段的时代背景和市场需求。

总之，2007—2017 年，我国在实施棚户区改造的过程中，3 个部门出台的相关政策文件变化都集中体现了渐进主义的特征。3 个部门都在每个阶段不断调适棚户区改造政策内容，围绕同一目标，部门之间达成共识，出台公共政策。重要的是，部门出台的棚户区改造政策并没有对之前的政策内容进行彻底的、根本性的否定，体现出渐进决策模式在公共政策上的渐变非激进性特征[①]。

① 孟延春，郑翔益，谷浩. 渐进主义视角下 2007—2017 年我国棚户区改造政策回顾及分析 [J]. 清华大学学报：哲学社会科学版，2018（3）：184-194.

第五章　海口市玉沙村棚户区改造实践调查

第一节　案例选择和调查方法

一、案例选择

海口市玉沙村始建于明代，村前沙滩绵延，其沙如玉，故得名“玉沙村”。拆迁改造之前，玉沙村是海口市最典型的、面积最大的城中村。初建时期缺乏规划，导致城中村建筑物间距过小、村中道路狭窄、夜间照明度不够、没有消防通道、排水系统不畅等诸多缺陷。玉沙村村民以出租房屋作为主要收入来源，导致城中村居住情况混乱复杂，社会治安问题突出。这些缺陷严重制约了海口城市整体服务功能的提升和居民生活质量的改善，也严重阻碍了海口的城市化进程①。从2007年开始，海口市启动了以玉沙村为代表的大规模城中村的改造，2009年11月，7栋总层高23层、共计1 092套原村民安置房全部竣工，完成了全部1 081户的分房工作，同年5月所有原村民拆迁户全部回迁完毕。玉沙村成为海口市棚户区改造的成功案例。

二、调查方法

作者以发放问卷和访谈的形式，收集了海口市玉沙村棚户区相关的定量与定性数据。课题组根据玉沙村的实际情况与当地政府的负责人交流后，发放问卷150份，实际有效回收122份。问卷的问题总计43个，以封闭式问题为主，主要分为棚户区改造前与棚户区改造后的情况调查两部分，覆盖居民的生活、经济、社会与文化。访谈主要集中在海口市房屋征收局的主要领导、玉沙村的主要负责人。通过访谈的形式直接了解棚户区改造的整体情况。

三、调查数据分析

调查数据显示了玉沙村棚户区改造家庭的基本状况，主要覆盖3方面：家庭人口结构；家庭收入与支出状况；房屋的基本结构与状况。

---

① 卓上雄，陈安宇．都市休闲商务区将在这里崛起[N]. 海南日报，2008.

第二节　数据分析

一、家庭人口结构

统计显示，被调查家庭的人口组成从 1 人到 4 人不等。3 人组成的家庭最多，占比为 41.80%；其次为 4 人及以上组成的家庭，占比为 29.51%。其中，与子女同住的家庭占比为 39.30%；其次为夫妻二人居住，占比为 24.60%；三代同堂的家庭占比仅为 11.50%，如表 5.1 所示。由此可见，三口之家是玉沙村的主要家庭类型。另外，6.65% 的家庭有病人；13.11% 的家庭有需赡养老年人；14.75% 的家庭有留守儿童。这可能会加重部分家庭的经济负担，与其他家庭相比，他们对社区基础设施与社区服务更有依赖性，需要有相关的配套设施为这部分家庭提供必要的支持与服务。

表 5.1　玉沙村家庭人口结构

家庭结构	频率 / 次	百分比 /%
独居	8	6.60
夫妻二人	30	24.60
与子女同住	48	39.30
与父母同住	20	16.40
三代同堂	14	11.50
与其他家庭同住	1	0.80
其他	1	0.80
合计	122	100.00

二、收入与消费

如表 5.2 所示，棚户区改造前，近半数的家庭的年均收入在 3 万～5 万元，占比达到了 49.18%；年均收入在 3 万元及以下的家庭占比为 14.75%。由此说明，年收入 5 万元以下的家庭在玉沙村的占比居高，达到 63.93%。

表 5.2　棚户区改造前后玉沙村家庭年收入水平表

收　入	棚改前的户数 / 户	棚改前的比重 /%	棚改后的户数 / 户	棚改后的比重 /%
3 万元及以下	18	14.75	5	4.10
3 万～ 5 万元（不含 5 万元）	60	49.18	37	30.33
5 万～ 7 万元（不含 7 万元）	29	23.77	45	36.88
7 万～ 9 万元（不含 9 万元）	7	5.74	21	17.21

续表

收　　入	棚改前的户数 / 户	棚改前的比重 /%	棚改后的户数 / 户	棚改后的比重 /%
9 万～ 11 万元（不含 11 万元）	3	2.46	7	5.74
11 万及以上	5	4.10	7	5.74
合计	122	100.00	122	100.00

棚户区改造后，年均收入在 3 万元及以下的家庭比重大大降低，仅为 4.10%。特别是经过棚户区改造后，家庭年均收入从 5 万元为起点开始增长。具体来说，5 万～ 7 万元（不含 7 万元）的家庭占比从 23.77% 增至 36.88%，7 万～ 9 万元（不含 9 万元）的家庭占比从 5.74% 增至 17.21%，增长幅度分别为 13.11% 和 11.47%，增长幅度是所有家庭年收入类别中最高的。9 万～ 11 万元（不含 11 万元）和 11 万元及以上的家庭收入增长幅度较慢，分别为 3.28% 和 1.64%。

综上，棚户区改造后，住户的家庭经济状况有明显的提升，特别是中等收入（5 万～ 7 万元和 7 万～ 9 万元）的家庭有明显的增长，低收入家庭明显减少。通过调查研究可以说明，玉沙村绝大多数的居民通过棚户区改造，提高了家庭收入，改善了家庭的经济水平。

三、房屋状况

棚户区改造前，87.70% 的房屋为私有房屋，12.30% 的房屋为租住房屋（见表 5.3）。这些房屋的平均面积约为 201.87 平方米，最大面积为 300 平方米，最小面积仅有 50 平方米。此外，通过对当地居民、社区管理者的深入访谈得知，棚户区改造前玉沙村的住房类型以自建多层房为主，几乎所有的家庭都需要与其他家庭或个人共用厨房、洗浴间、厕所以及阳台。这些自建多层房会对城市建设与市容市貌产生不利影响，同时也存在拥挤、脏乱、安全隐患等问题。

表 5.3　原有房屋产权类型构成

产　　权	数量 / 户	百分比 /%
私有房屋	107	87.70
租住房屋	15	12.30
合计	122	100.00

棚户区改造后，住户的房屋平均面积从 201.87 平方米降低至 119.63 平方米，如表 5.4 所示。但根据深入访谈的数据得知，棚户区改造后的住房面积虽然普遍变小了，但是房屋的格局更加规范，质量更加可靠。因此，

棚户区改造使住房更加标准、美观，同时有助于从生存环境的角度提升住户的生活质量。

表 5.4　棚户区改造前后住户的住房面积对比

类　别	最小面积 / 平方米	最大面积 / 平方米	平均面积 / 平方米
原有住房面积	50	300	201.87
现有住房面积	48	160	119.63

第三节　玉沙村棚户区社区状况

调查结果显示，玉沙村社区的基本情况，主要集中反映在5方面：社区的基础设施建设情况；社区的教育资源情况；社区及其周边的交通情况；社区的社会网络情况；社区的文化活动情况。

一、社区的基础设施建设情况

棚户区改造前，基础设施覆盖率，菜市场为95.90%、幼儿园为91.80%、超市为88.52%、医疗机构为88.52%，是绝大多数棚户区住房都可以被覆盖到的基础设施；消防安全系统为11.48%、邮局为20.49%、水电气生活保障系统为27.87%，是许多住户与住房都缺乏的基础设施。可以看出，社区整体安全保障力度不够，基本生活保障设施不足。

棚户区改造后，消防安全系统、水电气生活保障系统、通信电视互联网系统、停车场地、门卫值班、公共保洁、超市、医疗机构、幼儿园、银行营业网点与公厕等基础设施的覆盖率高达90%以上，公共设施维护、电信营业网点等基础设施的覆盖率在85%以上，邮局的覆盖率为57.38%，也有较大提升。可以看出，通过棚户区改造，社区的基础设施覆盖率已经大大提高，基本满足了当地居民的日常生活需求。然而，调研数据的结果显示，菜市场的覆盖率却降低到18.85%，这项结果应该与大型超市入驻有直接关系，大型超市可以更集中地提供食品生鲜等日常消费品，从而节约原来的菜市场的空间。

棚户区改造后，防盗监控系统的社区覆盖率从1.64%提升至15.57%，消防安全系统的社区覆盖率从11.48%提升至91.80%，门卫值班的社区覆盖率从36.07%提升至96.72%。玉沙社区通过棚户区改造，极大地提升了治安设备的投入与治安管理的能力，有力地提升居民的安全感。但居民对于影响治安的因素评判有较多分歧，针对不同的因素，居民的评判也有所不同，特别是针对“周边流动商贩”与“偷盗现象”，居民持各种评判，且分布相对比较均匀，如表 5.5 所示。大多数居民认为，社区居住的流动人口对社区的治安情况影响不大或毫无影响，这说明棚户区改造后的社区对流动人口的接纳程度较高。

表 5.5　棚户区改造后影响社区治安情况的因素调查

治　安	严重影响 /%	有影响 /%	一般影响 /%	影响不大 /%	毫无影响 /%
周边流动商贩	16.39	18.85	5.74	22.13	36.89
社区居住的流动人口	4.10	8.20	18.85	55.74	13.11
偷盗现象	16.39	24.59	22.13	24.59	12.30
警务巡逻力度	16.39	38.52	11.48	22.95	10.66

与此同时，通过与当地社区的主要负责人访谈了解到，玉沙村采取了一套新的社区治理模式，包括社区自治模式与网格化管理，得到了人民群众的广泛支持，居民和周边居民参与度高。

二、社区的教育资源情况

调查发现，棚户区改造后，4.92% 的居民认为教育资源有大幅改善，51.64% 的居民认为教育资源有所改善，如表 5.6 所示。由此可见，棚户区改造后的教育设施情况在一定程度上越来越多地满足了住户对教育资源的需求，居民对教育资源的提升表示满意。

表 5.6　棚户区改造后教育资源改善的情况调查

居民评价	小　计	比例 /%
大幅改善	6	4.92
有所改善	63	51.64
没有变化	52	42.62
不如从前	1	0.82
远不如从前	0	0.00

三、社区及其周边的交通情况

调查发现，棚户区改造后，62.30% 的居民认为搭乘公交车与出租车出行非常便捷，且对一部分居民来说，搭乘出租车比搭乘公交车更为便捷；从到达地点来说，76.23% 的居民表示从居住地到市区商业中心非常便捷，如表 5.7 所示。普遍来看，不论是到长途客车站、火车（高铁）站、飞机场还是工作单位，出行的便捷程度基本可以达到居民日常需求的标准。没有居民反馈出行不便，这也与玉沙社区的区位优势相关。

表 5.7　棚户区改造后现居地的交通出行便捷程度情况调查

交 通 出 行	非常便捷 /%	较为便捷 /%	便捷 /%	不便捷 /%	非常不便捷 /%
搭乘公交车的便捷程度	62.30	22.95	13.93	0.82	0.00
搭乘出租车的便捷程度	62.30	28.68	9.02	0.00	0.00
到达长途客车站的便捷程度	65.58	14.75	19.67	0.00	0.00
到达火车（高铁）站的便捷程度	63.12	18.85	18.03	0.00	0.00
到达飞机场的便捷程度	62.30	18.85	18.85	0.00	0.00
到达工作单位的便捷程度	64.75	24.59	9.84	0.82	0.00
到达市区商业中心的便捷程度	76.23	21.31	2.46	0.00	0.00

四、社区的社会网络情况

调查发现，棚户区改造后，居民对社区邻里关系的满意程度较高，超过 95% 的居民对邻里关系表示“非常满意”或“基本满意”。没有居民表示不满意，这与玉沙棚户区改造的就近安置有着直接的联系。同时也反映出在城市社区中，紧密的社区联结与良好的社群关系将十分有助于社区的营造，提升了居民的居住幸福感。

志愿服务是反映社区自我组织、自我服务的重要指标。有 70.49% 的被调查者表示社区中有志愿服务，其中，有 72.09% 的居民认为志愿服务包含促进社区居民之间的沟通与交流的活动；54.65% 的居民认为志愿服务包含对社区弱势群体的帮助；50% 的居民认为志愿服务包含清理改善社区环境的活动。对于另外 29.51% 表示社区中没有志愿服务的被调查者来说，大多数都认为增加志愿服务是有必要的。有效而稳定的社区服务不仅为居民提供宜居的环境，更有助于增进社区凝结，促进社区的发展。此外，在对当地社区进行访谈时了解到，玉沙村社区缺少专业化的志愿者服务来促进社区建设。

五、社区的文化活动情况

棚户区改造后，社区文化建设是社区建设的重要组成部分。玉沙村社区中有超过 60%（见表 5.8）的被调查者表示经常或偶尔参加社区的文化活动，其中，参加广场舞与文化竞赛（棋牌游戏）的居民居多，占比约为 35%，其次为小型体育竞赛（乒乓球、羽毛球等），占比约为 23.38%（见表 5.9）。不过，在参与社区文化活动的居民中，仅有 4 位居民参与书画展览或小型文化科普讲座。我们推测，导致这种现象的主要原因有两个：一方面，社区可能没有为居民提供此类的活动，导致居民缺乏组织和参与的机会；另一方面，经调查显示，有 58.2% 的居民并不认为社区需要加强文化建设。这说明有相当一部分居民并没有建立参与社区文化活动的兴趣，或是出于缺乏时间等原因，不愿意参与社区的文化活动（见表 5.10）。

表 5.8　棚户区改造后居民参加社区文化活动情况调查

参与情况	小　计	百分比 /%
经常	35	28.69
偶尔	42	34.42
不参加	45	36.89

表 5.9　居民参与社区文化活动的类别

活动类别	小　计	百分比 /%
广场舞	27	35.06
社区居民文化竞赛（棋牌游戏）	27	35.06
书画展览	4	5.19
小型体育竞赛（乒乓球、羽毛球等）	18	23.38
其他	1	1.31

表 5.10　居民加强社区文化建设意愿

意　愿	小　计	百分比 /%
是	51	41.80
否	71	58.20

此外，对于认为社区需要加强文化建设的居民而言，他们的需求主要集中在“文化活动所需场地和空间”和“与其他社区间的相互交流”这两个层面。缓解这种现状，被调查的社区需要进一步加强艺术、科学等知识的普及，为居民提供合适的机会与场地，在组织居民参与文化活动的同时，促进居民自发地形成参与活动、组织活动的氛围，并引导居民主动提升自身的科学文化修养。此外，通过对当地社区负责人进行访谈了解到，社区缺少开展文化活动的可持续性资金，政府相关部门对这部分的支持力度不大。

第四节　住户对棚户区改造情况的认识

集中调查住户个人对棚户区改造情况认识分 3 个部分：住户对棚户区改造的效果认识；住户对“钉子户”的看法与态度；住户对棚户区改造后的社区问题的集中反映。

一、棚户区改造的效果

84.3% 的被调查者认为棚户区改造的效果明显，14.75% 的被调查者认为效果一般，被调查者没有认为效果不明显或不好的。可以说，住户对于棚户区改造的实施效果给予了基本的认可。大多数居民都认同棚户区改造在改善居住条件、改善城市环境、拉动基础建设投资与促进居民消费等方面发挥的作用。棚户区改造在以下方面尤为突出，得到了社区居民的一致好评：增加了交通方式，促进出行便捷；身处商业街，逛街娱乐更方便；社区服务更加健全。

超过 70% 的被调查者认为，改造工作应进一步完善拆迁安置补偿措施。这说明棚户区的住户最为关心、最需要进一步解决的问题是关于新社区的基础建设与搬迁补偿。这与搬迁户的日常生活紧密相关。尤其是搬迁补偿问题，是关系到维持社会稳定的关键。其他的完善工作，如进一步加大棚户区改造支持政策的透明度与优化户型设计、确保工程质量等，也是人们所期待能够得到改善的部分，这对海口市下一步开展棚户区改造提供了宝贵的参考建议。

二、住户对"钉子户"的看法与态度

对于棚户区改造中的"钉子户"问题，63.93% 的被调查者表示"不支持，不能因为个别人的利益而牺牲大家改善居住条件的整体意愿"；35.25% 的被调查者表示"支持最大限度地争取个人利益"。这也提醒政府部门在处理"钉子户"的问题时，必须注意协调住户合法权益与集体权益的关系。一方面，尽可能地为住户着想，维护居民的合法居住权益与要求；另一方面，则要严格依据规章制度，循序渐进地完成棚户区改造的目标，营造整洁适宜的城市环境与居住条件。

三、住户对棚改后的社区问题的集中反映

根据对当地居民的采访，居民集中反映改造后的社区依然存在以下问题：市场分散不集中，菜市场较远，买东西不方便；物业管理不当，租户过多，电梯易坏；小区监管不够，有流浪汉在小区露宿，发广告传单太多；附近幼儿园为私立幼儿园，环境不好，儿童教育问题难解决。

以上反映现行社区遇到的难题，值得引起当地政府部门的注意，需继续采用相应措施，改善社区环境。同时反映出棚户区改造所面临的困境，以及塑造新型城市社区社会空间的理论反思的重要性。

第六章　北京市老城区改造与城市风貌塑造

第一节　老城区危旧房改造历程

一、改革开放之前北京市危旧房改造回顾

新中国成立后，北京市危旧房改造行动最早可以追溯到1958年提出的“十年完成旧城改造”的“宏伟”设想，但由于财力不足，并没有完成预期目标。1965—1968年推行“简易楼”方式，拆除了50万平方米的危旧房，改建成135万平方米的暂住20年的简易住宅。由于建筑标准过低，这批简易住宅不久就普遍成为“新包袱”，居民意见越来越大。

20世纪70年代，危旧房改造的方式开始多样化。其一是“滚雪球”的方式，具体办法是“拆一建三，分二余一”，即改造一片危旧房，在另外一个地方建造3倍于已拆除危旧房的新住宅，将其中的2/3住房用来安置原住户，余下的1/3住房用于各单位作为扩大改造的周转房，逐步达到成片改造的目的。由于改造周期太长，预期目标未能实现。其二是发展自建住宅的方式，调动各单位在自己的用地范围内拆旧建新，结果徒增了建筑密度，搞乱了城市布局，破坏了古都风貌。其三是“接、推、扩”的方式，即允许对四合院建筑接长一点、推出一点、扩大一点，以解决缺房的燃眉之急。建筑密度从原来的4 500平方米每公顷提高到6 000平方米每公顷，房屋建筑质量低劣，布置凌乱，将环境舒适的四合院变成了杂乱无章的大杂院，反而增加了后来改造的拆迁量。

这一阶段的危旧房改造，不仅没有减少城市中心区的人口密度，反而使城市中心区的住宅和人口密度都大大增加①。

二、改革开放至20世纪90年代初北京市危旧房改造回顾

在1949年新中国成立时，北京市旧城住宅房屋多为低矮的平房院落，且大约有一半建于清末以前，面积共1 160万平方米，保留完好的四合院仅占四分之一。95%的旧民居为私人所有，危旧房屋约占民居总量的5%。

---

① 周一星，孟延春．北京的郊区化及其对策[M]．北京：科学出版社，2000.

1956 年，大部分私人所有的民居通过赎买等方式，被大批量转变为公房，成为当前各类产权房屋交织混杂的根源所在。

20 世纪 60 年代，由于住宅建设速度已不能满足人口快速增长的需要，简易楼开始走上历史的舞台，虽然解了一时之困，但也为后来改造增加了难度。“文化大革命”期间，北京市旧城区危旧房改造基本中断，受此影响，危房逐年增多。唐山地震后，临时“地震棚”这种违法建筑在四合院中“遍地开花”，大杂院由“杂”变“乱”，引发的邻里关系紧张和安全问题至今都难以彻底解决。

1987 年，北京市政府在旧城区进行了以菊儿胡同为代表的 4 个片区试点改造，对当地居民的住房条件进行一定改善。但星星之火尚未形成燎原之势，20 世纪 90 年代初，尚有 147 个集中的危旧房片区，涉及居民约 80 万人。

三、20世纪90年代后北京市危旧房改造回顾

进入 20 世纪 90 年代以后，北京市为推进城镇化进程，迅速改善居民生活条件，做出了提升危旧房改造效率，实现城市又好又快发展的重大决策。为此，市政府把老城危旧房改造工作放到与建设开发新区同等重要的地位，并明确其改造工程由各区负责实施。同时要求在改造过程中处理好与房地产开发建设的关系，加快住房保障的体制机制创新，保护好城市中的历史文化遗产。在这样的背景下，危旧房改造在京华大地上如火如荼地开展起来了，一条条胡同在推土机、挖掘机的轰鸣声中消失不见了，许多保存完好的四合院被野蛮破坏。1994 年，随着各区政府获得市级部门给予的危改项目审批权限，大拆大建的危旧房改造达到顶峰，大大的“拆”字成为当年北京市最显眼的一个符号。

大范围、高强度的危旧房改造虽然改善了一部分北京市民的居住条件，但在改造过程中暴露的问题也越来越多，具体表现有：房地产开发商通过危旧房改造攫取巨量财富，暴力拆迁屡见不鲜，引发了人民群众的极大不满。此外，历史文化遗迹在危改中遭遇灭顶之灾，许多承载历史记忆的四合院、门楼牌坊、胡同街巷被夷为平地，取代它们的是一栋栋现代化的高楼大厦。此外，危改回迁小区建筑设计不科学、环境拥挤、基础设施普遍缺乏等问题引起居民对危改政策的广泛质疑，“盼拆迁、怕拆迁”成为老城居民面对拆迁时的真实心理写照。特别是对大栅栏地区而言，由于靠近天安门广场而受到限高影响且人口过于密集，导致开发商无利可图，危旧房改造迟迟未见启动。

北京市危旧房改造虽然在启动时间和规模上领先于其他省区市，但由

于体制机制尚未健全，改造过程监管又不严，因此，一些胡同、四合院遭到破坏性拆除。此外，大栅栏等一些重点地区被选择性忽视，出台新的危改政策、创新危改机制成为摆在政府面前的重要课题。

四、进入21世纪初的北京市危旧房改造历程

2001 年，北京市在第十个五年计划纲要中确立了用五年时间基本完成城区现有危旧房改造的目标。在这一目标的引领下，历史文化保护区带危改、房改带危改等改造方式被一些地区探索和应用，北京市危旧房改造工作进一步提速。例如，南池子地区被确定为历史文化保护区带危改的试点地区后，于 2002 年 5 月正式启动，2003 年 8 月底开始居民回迁。该改造方式借鉴了有机更新理念，在改善地区居民居住环境的同时，有效保护了地区的传统历史风貌。

随着社会各界对历史文化资源的重视程度不断加深，旧城内的危旧房改造和历史文化保护工作迎来崭新局面，特别是在北京市申办 2008 年奥运会和残奥会的过程中，北京这座历史文化名城的保护受到国内外越来越多的关注。此外，受《北京旧城 25 片历史文化保护区保护规划》和《北京历史文化名城保护条例》等文件的影响，北京市危旧房改造政策也进行了相应调整，其更加注重对老城历史文化的整体保护。在政策制定方面，北京市提出各区要根据旧城内不同地区的差异化特点，分类制定改造和保护政策，不再进行大规模的拆除重建，着力保护好旧城内的历史文化遗产。在项目运作方面，更加注重发挥好政府的主导作用，鼓励应用渐进式有机更新的微循环模式进行危旧房改造。

2006 年以后，随着危旧房改造的持续推进和城市治理的不断深入，修缮危旧房屋、改善居住条件和疏散旧城人口被确立为北京市旧城区危改的总体思路，随后在北京市东城区、西城区、崇文区（目前已并入东城区）和宣武区（目前已并入西城区）得到推广。

五、北京市旧城棚户区改造历程

2007 年，北京市为加快推进危旧房改造工作，专门派人赴辽宁阜新等地学习棚户区改造经验，并于 2008 年决定在门头沟采空区先行试水，且制定了项目实施方案。2009 年，在住建部出台《关于推进城市和国有工矿棚户区改造工作的指导意见》（建保〔2009〕295 号）后，北京市随即在门头沟、丰台、通州等区选取特定片区开展棚户区改造试点，北京市棚户区改造工作由此正式启动。

2011 年，北京市政府参照建保〔2009〕295 号文件，在总结改造试点经验的基础上，发布了京政办发〔2011〕1 号文件（见表 6.1），提出了加快城市和国有工矿棚户区改造工作的实施方案，旧城棚户区改造工作自此有了政策依据，同时梳理了较为清晰的实施路径。得益于该文件的制定，已完成区划调整的新的北京市东城区和西城区立足本区实际，各自确定了 3 个项目作为棚户区改造试点，采取不同的项目推行方式，积极探索旧城棚户区改造的可行之路。这 6 个试点项目分别为东城区按照征收程序推进的钟鼓楼项目、结合老旧小区整治的天坛简易楼项目、采取一级开发方式的金鱼池项目，西城区以平等协商申请式疏解的杨梅竹斜街项目、以修缮为主的什刹海项目、以多元化措施推进的白塔寺项目。

表 6.1　2011—2019 年北京市旧城棚户区改造相关文件汇总

<table>
<tr><th>年份</th><th>所属部门</th><th>文件编号</th><th>文 件 名 称</th></tr>
<tr><td>2011</td><td>政府办</td><td>1 号</td><td>北京市加快城市和国有工矿棚户区改造工作实施方案</td></tr>
<tr><td rowspan="3">2013</td><td>京建</td><td>439 号</td><td>关于明确中心城区棚户区改造和环境整治定向安置房公共资源及后期管理补偿标准有关问题的暂行意见</td></tr>
<tr><td>市规</td><td>1179 号</td><td>关于进一步精简棚户区改造和环境整治项目规划审批程序的通知</td></tr>
<tr><td>市重大办</td><td>85 号</td><td>简化中心城区棚户区改造和环境整治项目行政审批事项的说明</td></tr>
<tr><td>2015</td><td>京建</td><td>336 号</td><td>关于做好首都功能核心区旧城改建房屋征收工作的通知</td></tr>
<tr><td rowspan="2">2018</td><td>政府办</td><td>20 号</td><td>关于加强直管公房管理的意见</td></tr>
<tr><td>京建</td><td>455 号</td><td>关于进一步完善北京市棚户区改造计划管理工作的意见</td></tr>
<tr><td>2019</td><td>京建</td><td>18 号</td><td>关于做好核心区历史文化街区平房直管公房申请式退租、恢复性修建和经营管理有关工作的通知</td></tr>
</table>

资料来源：北京市住房和城乡建设委员会网站（zjw.beijing.gov.cn）。

随着旧城棚户区的多个项目先行先试，北京旧城棚户区改造已不单单把解危排险作为改造目标，疏解先行成为推进改造的社会共识，人口疏解不仅是改造的目标之一，更是必要途径和重要内容之一。旧城棚户区改造迈入了新的历史阶段。2011 年以来，北京市委和市政府为了落实“人口疏解先行”的战略，一方面，严格执行《国有土地上房屋征收与补偿条例》，对符合公益性的项目，如地铁建设、重点文物保护建筑修复等，采取征收方式推进；另一方面，立足旧城禁止大拆大建的文保要求和确需产业用地调整的实际情况，主要尝试加快人口疏解对接安置房源建设，通过扩大居住面积、改善居住环境等方式，吸引旧城人口自愿外迁。同时，进一步加大核心区教育、医疗等优质配套资源与服务的同步输出，加强与人口接收区的多元化战略合作等，积极推进人口疏解工作。待旧城内局部区域的人口疏解到合理密度和理想结构后，对腾空的平房院落进行修缮和复建，并对旧城内的产业布局和结构、城市功能和资源进行相应的调整重构。

2018 年，为做好核心区历史文化街区平房腾退和恢复性修建工作，北京市出台《关于加强直管公房管理的意见》，随后于 2019 年 1 月出台《关于做好核心区历史文化街区平房直管公房申请式退租、恢复性修建和经营管理有关工作的通知》（以下简称“《通知》”），旧城棚户区改造从平房直管公房打开了突破口。按照《通知》精神，在旧城棚户区改造中，承租人如主动腾退承租多年的直管公房，可利用开发企业给予的安置补偿资金向政府部门申请购买或承租位于定点安置区域内的共有产权房屋或公共租赁房。此外，奖励那些自愿将户口迁出东、西城的迁出居民。目前，东城区和西城区政府正综合多方因素，研究制定本区的片区申请式退租和恢复性修建方案。

第二节　北京市大栅栏危旧区改造基本情况

大栅栏地区隶属北京市西城区，位于天安门广场西南侧，东起珠宝市街、粮食店街，西至南新华街，南达珠市口西大街，北临前门西大街。该地区处于首都的核心地带，紧邻北京中轴线，北端距离长安街仅 830 米。近 1.26 平方千米的土地上布局着 2 个中央单位、8 个市属单位、15 个区属单位和 114 条胡同道路。截至 2018 年底，大栅栏地区共有 9 个社区，如图 6.1 所示，并呈不规律分布。由于大栅栏地区自解放后没有进行过大规模拆迁改造，依旧保留着大片平房区，因此该地区全部纳入棚户区范畴。

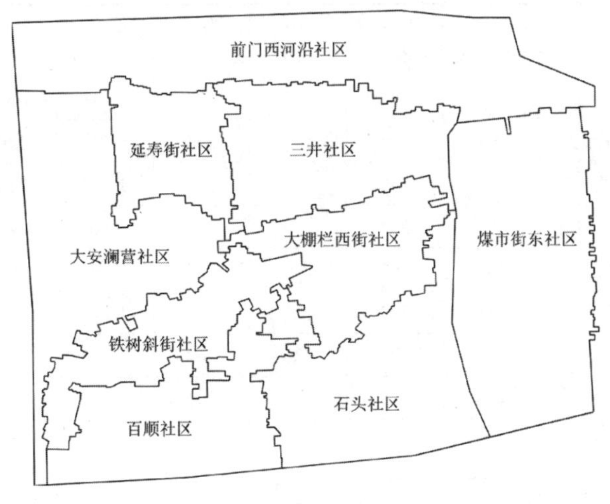

图 6.1　大栅栏地区社区示意

资料来源：大栅栏街道办事处。

根据大栅栏街道所提供的统计数据显示，截至 2018 年 12 月，大栅栏地区有户籍的人口为 5.62 万，常住人口约 3.61 万，流动人口约 1.27 万。从统计数据可以看出，该地区户籍人口是常住人口的 1.56 倍，说明有相当一部分的户籍人口不在此地居住，人户分离情况比较严重。从常住人口年龄结构分析看，大栅栏地区老龄化问题非常严重，65 岁以上的老年人占比为 23%。从人口密度上看，该地区常住人口密度为 286 人每公顷，是西城区常住人口密度的 1.13 倍，是北京市常住人口密度的 22 倍，户籍人口密度 444 人每公顷，是西城区 15 个街道中户籍人口密度最高的街道。

一、人口结构失衡，老龄人口与弱势群体集聚

根据上述分析得知，目前大栅栏地区呈现“三高”特征，即人户分离占比高、老龄化水平高、人口集聚密度高。“三高”直接成为该地区一系列发展和管理问题的基础性诱因。统计资料（见表 6.2）显示，前门西河沿社区、大栅栏西街社区、石头社区，以及煤市街东社区等 4 个社区，65 岁以上年龄段常驻人口数量多且占比高。根据大栅栏街道残联和民政部门提供的数据，大栅栏地区残疾人和低保家庭较多，截至 2018 年底，该地区有残疾人约 2 000 人，享受低保人员 1 161 人，60 岁以上老人中有 869 名空巢老人。考虑到还有相当数量的人口游离在低保边缘，一些老人事实上已经符合空巢老人的基本特征，只是未主动申报。常住在大栅栏地区的人口已经呈现贫穷、弱势、老龄无助等基本特征。

表 6.2　大栅栏地区分社区各年龄段常住人口统计

序号	社区名称	0 ~ 4 岁 / 人	5 ~ 9 岁 / 人	10 ~ 19 岁 / 人	20 ~ 24 岁 / 人	25 ~ 44 岁 / 人	45 ~ 64 岁 / 人	65 岁以上 / 人
1	前门西河沿社区	100	80	270	439	1 448	1 433	1 668
2	延寿街社区	52	41	156	265	875	866	414
3	三井社区	187	149	398	575	1 897	1 877	1 212
4	大栅栏西街社区	481	384	475	203	670	663	1 100
5	石头社区	209	167	290	283	934	925	1 323
6	铁树斜街社区	221	176	327	345	1 140	1 128	314
7	百顺社区	94	75	233	364	1 200	1 188	647
8	大安澜营社区	184	147	274	291	960	950	651
9	煤市街东社区	84	68	153	199	655	648	832
合计		1 612	1 287	2 676	2 964	9 779	9 677	8 161

数据来源：大栅栏街道常住人口统计（2018 年）。

此外，大栅栏地区居住人群还具有以下特征：低学历人口偏多，主要原因是老龄人口占比过高和低端产业人口集聚拉低了学历平均水平，高学历的青壮年原住民因居住环境无法改善而选择逐渐“逃逸”；无车居民偏多，主要原因是胡同停车不便和新能源汽车无处充电导致原住民前期购车需求不高，居民中低收入群体占比较高，无力承担汽车消费；中小学生家庭偏多，主要原因是大栅栏地区居民可以享受西城区优质教育资源，绝大多数的家庭都会选择将子女安排在辖区学校入学，人户分离家庭也不例外。

以青壮年、高学历、高收入为代表的原住民持续流失，老龄人口与弱势群体逐渐沉积下来，大栅栏地区的阶层逐渐固化，低收入群体增加趋势正在逐渐形成。

二、业态功能初级，产业转型升级举步维艰

大栅栏地区是北京市旧城的传统商业区，发源于明朝永乐年间，典型的是正阳门外兴建的商业铺房——廊坊。在清朝康熙、乾隆时期，因外城街巷两端安装栅栏，尤以廊坊四条栅栏最为高大美观，故得名“大栅栏”，这一称呼遂成为街巷地名沿用至今。从历史上看，大栅栏东部地区工商业聚集，同仁堂、内联升、瑞蚨祥等一批“老字号”享誉中外；大栅栏西部地区文化商业汇聚，以经营古玩字画为特色的琉璃厂文化街成为北京南城的文化“符号”；北部、中部和南部地区则以民居为主。

“文、居、商、旅”四类功能构成了大栅栏地区的主体业态，该地区也一直作为北京最大的商业区，吸引着北京市民和外地游客购物、休闲、娱乐。从20世纪90年代开始，随着西单、国贸等其他商业中心的崛起，大栅栏地区原有的商业模式难以为继，不可避免地走向了衰败。在文化方面仅存文化标签，没有衍生业态，特别是随着古玩市场转移到潘家园地区，琉璃厂辉煌不再，而成为了文房四宝和字画买卖的集散地。在居住方面，居住品质低下导致基本生活服务公共化和商业化，居民服务、修理、其他服务业功能从院落外溢到胡同，“四小门店”遍地开花。在商业方面，营商形态以酒店住宿、餐饮和零售商业等初级业态为主，老字号转型发展困难，对年轻人的吸引力持续降低，消费人群以外来游客和地区居民为主，呈现低端化特点，消费层次和消费能力不高。在旅游服务业方面，大栅栏地区成为天安门观光旅游的中转站，近一半游客在参观天安门、前门大街之后会分流到大栅栏地区购物、用餐或住宿，低廉的旅游纪念品、简陋的小旅馆和沿街可见的小吃餐馆，成为大栅栏地区的“街区印象”。

三、房屋情况复杂，居民居住环境极端恶劣

1. 建筑密度大，各类产权房屋交织混杂

由于大栅栏地区原貌以胡同平房为主，又因临近天安门广场而受限高政策影响，导致该地区整体建设密度较高。当地居民为缓解居住困难，普遍通过“接、推、扩”的方式增加房屋使用面积，甚至私自改变房屋结构，在平房的基础上搭建二层违法建筑。

大栅栏地区房屋产权情况比较复杂，公房所占比较高，约占 3/4，建筑量约为 80 万平方米，其余 1/4 为私产平房。公房和私产平房由于历史原因呈现不规律分布且交织混杂，给维护管理带来了一定的困难。截至 2017 年 6 月，大栅栏地区院落总数共计 4 148 户，其中单位自管公房为 1 222 户、直管公房为 1 812 户、私产平房 1 114 户，如表 6.3 所示。

表 6.3　大栅栏地区各社区院落产权属性统计

序号	社 区 名 称	单位自管公房 / 户	直管公房 / 户	私产平房 / 户	院落总数 / 户
1	前门西河沿社区	270	238	134	642
2	延寿街社区	54	136	145	335
3	三井社区	100	252	204	556
4	大栅栏西街社区	155	313	142	610
5	石头社区	124	194	120	438
6	铁树斜街社区	70	172	83	325
7	百顺社区	39	121	58	218
8	大安澜营社区	140	148	94	382
9	煤市街东社区	270	238	134	642
合计		1 222	1 812	1 114	4 148

数据来源：西城区规划分局数据平台。

经过调查发现，目前大栅栏地区的直管公房维护状况最好，房管部门每年都上门检修，对已列入危房的房屋会及时进行原址翻建。其次是私产平房，由于产权归属私人，房屋能够得到产权人的精心维护。但如果产权人将房屋用于对外出租，则房屋维护状况堪忧。维护力度最弱的是单位自管公房，受单位重视程度和财力影响，单位自管公房普遍得不到有效维护，甚至存在“住改他”现象。

2. 房屋使用情况复杂多样

通过访谈大栅栏街道办事处干部得知，该地区人户一致院落约占 47%，存在出租户的院落约占 33%，锁门院落约占 20%。人户一致比例最

高的是西河沿、百顺和铁树斜街社区。其中西河沿社区主要为楼房社区，百顺和铁树斜街社区因历史原因，房屋品质较好且远离大栅栏商业区。出租户分布较多的是以传统居住区为主的三井、石头、大栅栏西街和煤市街东社区。这些社区与商业区距离适中且房租价格相对较低，能够满足外来租户的工作需要和基本生活需求。因此，在开展以大栅栏地区为代表的商业居住混合型的历史文化保护区棚户区改造时，应重点从传统居住区入手，通过改善传统居住区住房条件、街巷环境以留住更多原住民，减少因原住民“逃逸”带来的地区管理失序等各种问题。锁门院落主要集中在存在棚户区改造项目的延寿、三井和大栅栏西街社区。其中大部分锁门户是由于实施腾退以后的公产房无法顺利过户和经营，只得暂时空置。

此外，根据2013年的入户调查，大栅栏地区至少有370个以直管公房为主的院落，出租比例一度超过30%，除去其中存在于混合产权院落中的私产房屋合法出租，也存在大量直管公房的违规出租。据了解，大栅栏地区直管公房租金为3元每平方米每月，市场出租价格约为60元每平方米每月。巨大的利差导致一些承租人铤而走险，变身“二房东”以攫取利润或利用非法所得另寻他处以改善居住条件。这一现象随着2017年北京市全面开展直管公房违规转租、转借清理整治专项行动而有所遏制。

3. 居民居住环境非常艰苦

根据大栅栏街道的125份居民调查问卷结果可知，大栅栏地区居住环境与现代化生活非常不匹配。首先表现为住房面积狭小，户均住房面积仅为21平方米，42%的家庭住房面积小于15平方米；其次表现为房屋老旧破损严重，多数房屋为非成套住宅，没有卫生间和厨房，无法满足有尊严的居住需要，78%的家庭没有卫生间，26%的家庭没有厨房，这一结果已包含居民自建的厨卫；最后表现为居民对居住条件长久无法改善而极度不满，现实住房条件与西城区完备的配套设施和居住环境极不和谐，与优越的市中心地理位置不相适应。

大栅栏投资有限责任公司于2016年在煤市街东社区开展腾退意向调查，发放了约2 000份调查问卷，以分析居民居住感受和迁居意向。约36%的居民对居住条件表示不满意，约74%的居民表示难以自主实现改善性迁居，约92%的居民愿意接受腾退，仅有20%的居民满足现行腾退政策中整院腾退的要求。

在对大栅栏投资有限责任公司负责人进行访谈时了解到，大栅栏地区的腾退成本已达到14万元每平方米，超过了房屋市场价13万每平方米。

随着时间的推移和北京市房价持续走高，腾退成本呈现逐年递增的趋势。目前，这样巨大的腾退成本，西城区政府和区属开发企业都很难承担。

4. 院落内外违章建筑丛生

经过大面积拆违整治，大栅栏地区的部分违章建筑得到有效拆除，但由于违章建筑体量过于巨大且成因复杂、认定困难，所以还没有实现根本性好转。这些违章建筑主要分为四类：占道圈地建设的门厅、台阶、储物棚等；院内加盖的卧室、厨房、卫生间等；平房顶部垂直加盖的二层简易房；开墙打洞用于违规经营的临街住房等。由于大量的违章建筑是在1984年《城市规划条例》颁布前搭建的，因此，采取一刀切的方式直接拆除不符合法不溯及既往的原则。此外，由于长期存在“民不举官不究”的现象，大栅栏地区的一些居民采用更加隐蔽的方式，不断蚕食社区公共空间，给院落中其他居民造成了极大的安全隐患。

四、市政交通落后，街巷道路改造条件匮乏

在交通问题上，目前大栅栏地区共有街巷胡同114条，但宽度大于5米的街巷只有十几条。优点是胡同肌理保存较为完整，没有遭到破坏性拆除，缺点是胡同尺寸远不及东四、西四等其他老城文保区，无法满足现代交通出行的需要。地区内部交通微循环不畅、机动车随意停放、人车混行、旅游交通干扰等问题比较突出。

在排水问题上，大栅栏地区及周边仅前门大街、煤市街、大栅栏街、前三门大街、两广路和南新华街为雨污分流的排水系统，其他街巷胡同均为雨污合流的排水系统，排水能力不足，地区卫生环境较差，如图6.2所示。排水系统的不健全和设施短缺直接导致如下两个问题多年无法解决：一是低洼院落下雨积水问题；二是厕所入户和入院难度大。目前，该地区有42个低洼院落，路面与院内落差太大导致下水管道无法进入，雨季内涝严重。由于胡同道路经常翻修，每次翻修都导致路面较上一次有所抬高，再加上雨水篦子堵塞严重，更加加剧了院落内涝问题。同时，由于没有下水设施，胡同内无法实现厕所入户，如厕需要到公共厕所，夏季大雨倾盆或冬季雪夜如厕的痛苦经历年年都在发生。

在燃气问题上，由于大栅栏地区规划路网体系中无支路以上等级道路，街巷胡同宽度不满足燃气管线铺设条件，短期内实现燃气入户难度很大，地区居民只能手提肩扛煤气罐定期到煤气站换气，煤改电后冬季也只能依靠电暖气进行取暖。

图 6.2　大栅栏地区雨污分流和雨污合流道路分布

资料来源：大栅栏街道办事处。

五、历史文化悠久，文物保护和价值挖掘不足

大栅栏地区与北京城同发展、共命运，历经 700 余年风风雨雨，孕育了以会馆和宅邸为载体的仕官文化、以茶室和曲艺为载体的梨园文化、以老字号和商业街为载体的传统商业文化和以宣南民俗为载体的市井文化。因为多种文化在这一地区交融汇聚，所以大栅栏地区的历史文化资源极为丰富，但是高级别、高知名度的文保单位相较其他文保区较少，主要以市级、区级为主。从分布上看，北部地区多于南部地区且多位于或靠近商业地区，这与文保单位原本多为老字号、银行等建筑有关。

目前，大栅栏地区历史文化资源的价值发掘不足，未挂牌文物侵占和破坏严重，大量文保单位用于商业或居住。此外，建筑本身没有得到较好的维护和修缮，游客更多的是驻足于文保单位门口进行瞻仰式参观，对其中蕴藏的历史文化缺乏深度了解。

第三节　北京市大栅栏危旧区改造存在的问题

一、疏解腾退和保护修缮效果不明显原因

1. 统筹协调力度不够

一是东城区和西城区缺乏统筹，“各自为政”。目前，市级层面只是出台了相关的指导意见，棚户区改造依旧按照“以区为主”的原则进行推

进。62.5 平方千米的老城分属东城和西城两个行政区管理，两区所制定的发展战略目标、发展模式都有所不同。两区政府为解决本区棚户区存在的问题，很难从全市范围、首都功能核心区整体考虑，因此造成了从政策制定到具体实施等诸多环节存在较大差异，严重影响了老城棚户区改造的统筹推进和老城古都风貌的整体保护。

二是安置房源缺乏全市范围内的统筹。通过查阅相关资料了解到，东城区的安置房源主要集中于朝阳区定福庄、通州区次渠、大兴区团河和顺义区首都机场附近，西城区的安置房源主要集中于房山区长阳、昌平区回龙观、大兴区旧宫和丰台区张仪村、高立庄。由于东、西城区无土地可供建设安置房，但又承担着疏解人口的重要使命，因此只能依靠其他行政区提供的帮助和支持。但其他行政区在建房时会优先解决本区户籍人口的住房问题，只能拿出小部分房源供东、西城区安置，导致东、西城区户籍人口选择余地大幅缩小，不利于向外疏解。

三是棚户区改造项目推进缺乏区域内有效统筹。根据北京市 2016—2020 年《棚户区改造和环境整治任务》，大栅栏地区仅启动了以杨梅竹斜街为代表的 3 个棚户区改造项目，项目面积合计 127 600 平方米，仅占大栅栏危旧区面积的 10%，还有众多片区尚未启动，至今遥遥无期。走访中许多居民都表示，已启动片区因为地理位置优越、改造后商业利益较大或具有文物保护价值，所以很早就被纳入了棚户区改造项目，其他片区由于利润空间太小而迟迟无法启动。还有部分老年居民提出，按照现有政策全家都支持疏解腾退，只待棚户区改造项目启动后签署腾退协议，以便在有生之年得以住进新房，以改善居住条件。目前看来只能选择留守，希望政府尽快给出腾退时间表和路线图。

2. 法律法规有效支撑不足

老城棚户区改造摒弃了大拆大建的改造模式，更加突出对历史风貌的保护修缮，但是由于政策转向相对较迟，制定的政策可操作性不强。因此，针对北京老城保护改造的各类规划，例如《城市总体规划》《建成区详细控制性规划》《北京旧城 25 片历史文化保护区保护规划》等，大多立足于宏观角度，着重强调应遵循的规划原则和保护的总体标准。而对于老城区内划定保护区的具体保护要求缺乏细致的、针对性较强的专项法律法规。

2019 年 1 月，《北京历史文化街区风貌保护与更新设计导则》公开征求意见，从技术上规范了北京 33 片历史文化街区的规划设计和建设行为，但因不能等同于管理办法，不具有政策法律效力。因此，房屋产权人在房屋修缮中依然无法可循，只能依据自身利益最大化或出于满足自身需求的考虑，把房屋交由装修作坊进行粗糙设计和施工。

此外，受利益驱使或电视台《梦想改造家》《暖暖的新家》等旧屋改造装修栏目的启发，大栅栏地区部分居民尝试在翻建或装修过程中，在垂直空间上增加面积，加建隐形二层或挖建地下室，导致违法建设频发。而目前对于老城区平房垂直空间的合理利用，政府还没有给出具体的实施标准和政策方案。

3. 人口疏解工作推进缓慢

从近年来大栅栏地区 3 个棚户区改造项目的实施效果看，共疏解 607 户居民，占项目应疏解人口户数的 23.5%，还有大批居民在观望等待。通过与留住居民交流和访谈大栅栏街道办事处工作人员，可以将居民人口疏解缓慢的主要原因归纳为以下几点。

（1）居民对外迁安置的房源普遍不满意，安置政策没有充分考虑到外迁居民各种各样的安置需求。经调查得知，在影响外迁的各类因素中，安置房源的具体情况影响最大。57.3% 的居民最关注安置房的地理位置，认为在四环以内比较有吸引力；11.4% 的居民对安置房的价格表示关心，声称自己不希望再额外花钱购买房屋；7.1% 的居民关心安置房的户型和面积；6.3% 的居民关心安置房与现工作单位的距离；4.8% 的居民关心安置房的周边配套设施；4.3% 的居民关心安置房的周边居住环境。由此可见，位置在北京市四环以内、距离合适、户型较好、配套设施齐全且成熟、周边环境优良且价格适中的安置房源对居民的吸引力比较大。

（2）社会转型期部分居民对生活条件改善的期望值过高。由于居民家庭情况复杂多样，存在差异性，所以一些居民希望通过疏解腾退一次性解决家庭多年积累的矛盾和困难。例如，居住在杨梅竹斜街的张大爷承租了一间 15 平方米的直管公房，其育有子女 3 人且均无住房，如果按照一个房本提供一套住房的腾退政策，张大爷只能在昌平区回龙观获得一套 50 平方米完全产权的一居室用于自住，这与其为子女获得 3 套安置房的心理预期差距极大，因此张大爷拒绝外迁。2019 年 1 月，北京市住建委发布了《关于做好核心区历史文化街区平房直管公房申请式退租、恢复性修建和经营管理有关工作的通知》，直管公房腾退政策做出了重大调整，由之前的给予完全产权的安置房变为提供共有产权房或公共租赁房，这意味着像张大爷这样的直管公房承租人将面临更为艰难的抉择。张大爷表示，自己后悔没有及时外迁，现在外迁更不合适了。

（3）私产平房货币补偿标准过低。由于棚户区改造政策对私产平房的货币补偿仅比直管公房多出 1 万元每平方米，这引发了私产平房产权人的普遍不满。访谈的15位私房产权人都提到，相比直管公房，对私产平房的补偿并不合理，对私房土地使用权的补偿在棚户区改造中没有得到足够体现、受到应有尊重。

（4）大栅栏地区人口疏解对象主要集中在户籍人口上，缺乏对外来常住人口的有效调控措施。集中体现为，一些原住民逐渐从大栅栏地区外迁疏解到老城周边区域或城市郊区，而大量在老城从事批发零售、餐饮住宿等初级产业的外地人口迅速流入并进一步提高了人口密度，致使人口疏解的政策效果大打折扣。

二、院落和街巷环境急需规范治理

（1）院内拆违始终缺乏破解之策。

西城区胡同里居民自住的违法建筑总面积已经达到42万平方米，涉及约2万住房困难户，违建居民居住条件大多低于7平方米每人，大栅栏地区属于违法建筑的重灾区。大栅栏街道办事处在开展背街小巷整治时，希望能够向院内延伸，但由于历史原因形成的违法建设众多，拆除难度太大，因此没有实现“面子”和“里子”同步推进。目前，大栅栏地区对于院落内部违法建设的治理，只能通过腾退或平移置换的方式，待居民迁出后对其违建进行拆除，恢复院落的原始面貌。但据大栅栏投资有限责任公司负责人介绍，平移置换对居民改善居住条件效果不大。目前，大栅栏地区仅有2户直管公房承租人进行了平移置换，一户是危房重建，另一户是因地区“煤改电工程”安置变电站的需要被迫进行平移。

（2）直管公房转租转借现象屡禁不绝。

直管公房违规转租转借问题在大栅栏地区已存在多年，由于租金相比楼房较为低廉，所以，大量初级产业人口或其他人员寄居于此，一方面抵消了人口疏解效果，另一方面也严重影响了院落和街区的生态秩序，成为黑导游、无证商贩、上访群体，甚至违法犯罪人员藏身的聚集地，喝酒滋事、盗窃、群体斗殴等乱象层出不穷。2017年，大栅栏地区开展直管公房违规转租转借清理整治工作，加强宣传力度，张贴宣传海报，发放《致居民的一封信》，让承租人广泛知晓政策；结合大栅栏派出所掌握的流动人口信息、街道流动人口台账，采取集中下户核查和针对性夜间核查相结合的方式进行现场勘察；对约谈后仍不配合的住户，依据《北京市公有住宅租赁合同》起诉承租人，解除租赁合同收回房屋；加强巡视，对已清理房屋进行定期回访，防止违规转租转借现象反弹。截至2018年底，共清理1 943户，涉及6 190人。虽然清理整治工作取得了一定成效，但依然没有根治这一问题。据大栅栏地区居民反映，一些住户以“游击战”的方式规避核查。此外，低廉的租金使得一些已购房的直管公房承租人干脆“一锁了之”，造成公共资源的极大浪费。

（3）私产平房出租缺乏统一管理。

私产平房由于所有权归属私人，因此政府一直没有从政策和管理上给予更多关注，不仅表现在没有针对私房产权人制定专门的疏解政策，对其管理也存在缺位。目前，私产平房完全依靠产权人自行修缮维护，这直接导致无力修缮的私房产权人只能将老旧房屋向地区内从事初级产业的从业人口进行出租，依靠租金到其他区域去改善住房条件。随着私房产权人的不断“逃逸”，私产平房院落成为城市管理的薄弱之处，政府管理缺位、私房产权人选择性忽视，导致外来人口群租和房屋安全隐患等问题日趋严重。

（4）背街小巷整治提升不够彻底。

2017 年 4 月以来，大栅栏地区按照西城区部署要求启动了背街小巷整治提升工作，大栅栏街道办事处聘请物业公司对胡同街巷进行准物业管理，物业公司主要负责胡同街面的治安巡逻和秩序维持，院内的卫生环境全靠居民自己进行维护。一些居民表示，期待物业公司提供诸如院内保洁、快递投取、便民维修、下水道疏通等多样化的物业服务。此外，背街小巷的停车管理饱受诟病，车位缺口较大，随意占道停车现象突出，驻区单位停车难以协调，车位共享难度大，居民占位、胡同拥堵仍然存在，如图 6.3 所示。

图 6.3　大栅栏地区胡同随意停放机动车实景

三、弱势群体利益保障有待提升

（1）棚户区改造政策对弱势群体保障乏力。

根据大栅栏地区棚户改造政策，低保或残疾家庭如选择疏解腾退，将有机会获得开发企业提供的、针对弱势群体的一次性腾退补助，补助金额约为4万元/户，低保和残疾兼具的家庭补助金额会控制在6万元以内。在访谈中获知，一次性腾退补助对于低保和残疾家庭而言并不具有很强的吸引力，低保和残疾家庭所考虑的是安置房源过远所造成的生活不便和经济来源有所减少。有低保家庭表示，自己在大栅栏地区享受低保，闲暇之余还可以到天安门、前门等地区捡拾游客丢弃的废旧饮料瓶以换取额外收入；自己在大栅栏地区生活多年，街坊邻居有时还能提供些必要的帮助，一旦远离城区搬到陌生的小区，势必给生活造成诸多不便。

（2）地区养老服务等基础设施配置不足。

大栅栏地区老龄化现象突出，而面向老年人的公共服务配套设施却尚未到位，商店、社区医院、便民药店较少，居家养老环境亟待改善。目前，大栅栏地区只有1家居家养老服务站，营业时间为早9点至晚5点，仅提供日间照料和一日三餐，每位老人的收费标准高达6 000元/月，地区中低收入家庭普遍难以负担，因此服务站营业至今仅接收了一名老年痴呆症患者。此外，居家养老服务站缺乏必要的医疗服务和设施设备，地区医务人员仅不定期到服务站开展量血压和保健知识讲座。

（3）外来服务业从业人员住房保障缺失。

随着北京市对低端产业的清理整治，租住在旧城区胡同中的低端产业外来人口被迫向外疏解。特别是直管公房违规转租转借清理整治启动后，大批外来人口从直管公房流向了私产平房，私产平房的租金也随之上涨。一系列的清理整治虽然有效疏解了外来人口，也一定程度上消除了街巷胡同中的安全隐患，但也给为旧城区提供必要服务的从业人员造成“误伤”，一些原先租住在胡同中的环卫工人、快递小哥、菜市场售货员等人员，不得不在更远的地方另觅居所。一位夫妻双方都从事胡同公共厕所保洁人员表示，单位提供的宿舍环境拥挤，租金合适且条件较好的私房又可遇不可求，对于像他们这种为旧城区提供城市服务的外来人口来说，希望政府能够提供必要的住房保障。

四、邻里关系亟待重塑

（1）原住民持续流失破坏邻里关系。

随着大栅栏地区原住民的不断“逃逸”，原有的邻里关系遭到蚕食破坏。例如，曾经有10位小学同学居住在一条胡同中，大家除了经常聚会游戏，也偶尔会参加同学的家庭活动，邻里情和同学情交织在一起，构成了儿时的美好回忆。但随着时间的推移，多数同学已不堪忍受破败的居住条件和生活环境，逐渐搬离大栅栏地区，目前仅剩 1 人留住在胡同里。出于疏解人口的需要，为完成指标任务，大栅栏地区的棚户区改造政策缺少回迁安置，原住民要么选择居住在简陋的平房中，要么选择外迁到四环以外的地区去，“与邻为伴”成为原住民可望而不可即的梦想。

（2）社区公共活动空间比较匮乏。

邻里关系的营造需要更多的公共活动空间。目前，大栅栏地区可供休闲和运动的微型空间亟待补足，全地区只有一处新建的微型绿地公园，现有的社区服务中心、文体活动站等场所难以满足地区居民的日常活动需要。地区居民只能在院落门口、台阶处、杂物堆放地闲坐聊天，如果想到更广阔的地方进行广场舞、打球等休闲娱乐，只能到国家大剧院入口广场或天安门广场，且距离较远。

（3）外来租户难以融入“居民圈”。

由于原住民持续“逃逸”，外来人口在胡同中持续增多，传统的邻里关系逐渐瓦解，新的邻里关系急需重构。例如某私房院落，目前，只有 2 户高龄原住民在此居住，年轻一辈的原住民早已迁出，院落中外来租户已达到 11 户，占整院户数的 84.6%。由于大栅栏地区开展的各类居民活动主要面向户籍人口，如“小巷管家”是从当地德高望重的常住户籍人口中产生，这直接导致外来租户很少参加地区举办的各类文化娱乐活动，不能实现邻里间的文化融合和感情建设；外来人口极少参与地区公共事务和街巷胡同治理，成为不发声、不表态、不参与的外来“隐形”群体。

五、历史文化遗产保护不当

（1）历史文化保护管理基础数据缺乏、预警性不足。

目前，对大栅栏地区文化资源、文物保护单位具体情况的统计，多停留在纸质研究层面，对地区胡同内四合院的院落情况和房屋使用情况缺乏动态掌握和相关情况统计，具备预警监测功能和数据分析功能的历史文化资源保护信息平台尚未建立，且至今未列入西城区历史文化保护工作的重要议事日程。

（2）保护改造与传统文化产业业态的协调度仍待提高。

北京旧城区历史悠久、文物众多，拥有的文化资源极其丰富，但由于在开发利用中缺乏有效引导，对自身特有文化资源挖掘不深、利用不到位，目前旧城区提供的一些文化产品和服务缺乏特色，同质化问题严重。这类问题在大栅栏地区也较为普遍。目前，大栅栏地区在实施保护与开发利用过程中，传统文化的价值和魅力没有得到深度挖掘，缺乏老北京传统特色与新时代风尚，深厚的文化底蕴和优势资源没有充分转化为区域产业优势。一些棚户区改造项目将腾退房屋简单翻修后对外出租，对引进产业缺乏筛选，高端品牌不多，产业形态落后，与首都“高精尖”的发展要求存在较大差距。以杨梅竹斜街为例，改造后引进的商户多为咖啡店和特色餐厅，公众对街区的印象还停留在娱乐观光层面。

（3）缺少街区内文物古迹和文化内涵的展示。

大栅栏地区现存的历史文化遗迹缺乏系统化的开发利用，记载遗迹名称和历史信息的宣传名牌过于简陋，往往只有短短的几行文字简介，对于建筑的风格布局和蕴藏的名人轶事均没有深度介绍。对于琉璃厂所蕴藏的古玩文化和文房四宝所代表的书香文化缺乏展示的场所和平台，我国传统文化在琉璃厂没有得到充分挖掘和体现，北京市民对于琉璃厂的历史和多年积淀的文化缺乏足够了解。同样，代表梨园文化的正乙祠戏楼常年大门紧闭，没有安排任何演出，仅作为梨园文化的象征符号，淹没在大栅栏地区的平房院落里。

第四节　影响北京市大栅栏危旧区改造关键因素分析

一、影响大栅栏危旧区改造的“人”的因素

大栅栏危旧区人口结构极不合理，老龄化、低学历、低收入人数占比高，相当比例的地区居民已陷入长期低收入和弱势状态，这一特点直接导致棚户区改造项目推进艰难。

（1）居民的普遍不富裕、创造财富能力差和对棚户区改造补偿的无限期望，造成居民无法通过自身努力而真正改善居住条件，更倾向于通过在棚户区改造项目中与开发主体争取利益最大化的方式实现“逆袭”。这一心理主要源于早些年拆迁过程中出现的“钉子户多获益”“拆迁一夜暴富”等现象带来的误导。因此，长期低收入及其产生的“马太效应”使居民已无力自行提升改善，只能在棚户区改造中选择孤注一掷，这也直接导致居民“开价”与补偿政策差距过大，观望等待情绪不断蔓延，人口疏解的实施效果不佳。另外，低收入问题也导致地区居民缺乏对自身房屋进行保护修缮的动力和能力，大部分人选择暂时委屈自己，满足于运用廉价材料进行小修小补，只要能够暂时居住即可。

（2）居民的文化素质偏低和法律意识淡薄，造成保护修缮的意识缺乏，在修缮过程中把满足使用功能作为首要考虑因素，因此不按规划图纸

施工，私搭乱建的现象普遍存在，既增加了安全隐患，又与古都的胡同风貌和四合院环境不相协调。

（3）原住民普遍存在“故土乡愁”情绪。地区老龄人口多意味着居住在该地区的年限也更久远，故土难离、叶落归根的情绪也更浓厚，安置房屋如果不能达到心理预期，居民很难下定决心搬离故土。

此外，向外疏解也打破了原有的邻里模式，打散了群体式的人际交往关系，改变了持续多年且早已成为习惯的生活状态和院落秩序。特别是对下岗职工、低保户和老弱病残等弱势群体而言，棚户区改造以后，生活成本的上涨、收入来源的改变让他们面对棚户区改造时也存在更多疑虑。

二、影响大栅栏危旧区改造的“环境和设施”因素

大栅栏危旧区是传统平房区，因历史原因造成房屋产权情况多样，多种权属房屋交织，房屋使用情况也各不相同，导致院落和胡同环境异常复杂，棚户区改造项目实施和地区治理面临较大压力。

（1）房屋产权各异，迟滞了人口疏解和保护修缮进程。不同于以往的大规模推倒重建，小规模渐进式的保护改造成为旧城区棚户区改造的必由之路。由于不同权属房屋交错，所以其改造方案也只能“一院一策、一户一策”，通过精细化的政策设计和资源统筹，由点及面推进，最终成片。此外，房屋权属问题和家庭复杂情况相叠加，集中体现在货币补偿和房源安置上，造成一定比例的居民因处理不好家庭成员间的利益分配，而无法有效疏解腾退。

（2）平房区的恶劣居住环境造成违法建设行为多发。由于平房缺乏成套化设计，人均居住面积狭小，出于改善居住条件的需要，居民只能在平面空间无法再行拓展的情况下、“向上”和“向下”谋求更多的使用面积，违法建设更多是居民出于环境狭小、生存空间紧张的迫不得已。

（3）保留街巷胡同原始脉络，增加了保护改造的难度。由于胡同是特定历史时期和条件下的产物，其空间布局与现代生活存在一定矛盾，集中表现在公共空间缺乏、市政基础设施短缺、交通道路拥挤狭窄等方面，因此，北京旧城区棚户区改造只能在不改变胡同脉络的基础上，谋求外部环境的有效提升和维护治理，像绣花一样进行“城市织补”。

三、影响大栅栏危旧区改造的“政策和资金”因素

旧城棚户区改造政策的不完善是影响棚户区改造项目推进的重要因

素。由于棚户区改造政策缺乏全市统筹，在公房和私房补偿上差异不大，不鼓励原住民回迁，对弱势群体的利益保障考虑偏少，地区居民对政府主导的疏解腾退充满质疑和抵触，认为东、西城行政区执行的政策既不公平也不公正，且缺乏统筹性、差异性和连贯性。

此外，资金严重短缺也直接作用于棚户区改造项目，成为旧城区棚户区改造的重要瓶颈。由于大栅栏地区人口过于密集，北京市房价近年又涨幅过大，所需棚户区改造资金数额巨大，非一般企业能够承担，区级政府所能拨付的棚户区改造专项资金也是杯水车薪。资金缺口过大，成为大栅栏危旧区改造项目多年无法全面覆盖和纵深推进的主要原因。因此，一方面应争取市级财政更多支持，另一方面也要出台更有吸引力的政策，鼓励原住民平移并院，通过就地改造的方式减轻资金压力，利用开发好腾退出的完整院落，发展特色产业。

四、影响大栅栏危旧区改造的“历史文化”因素

历史文化资源丰富是大栅栏危旧区的主要特点。目前，在棚户区改造过程中，历史文化资源的保护和利用没有得到足够重视，政府和开发主体的着眼点还聚焦在人口疏解和民生改善上，对激活历史文化记忆、展现传统文化活力缺乏系统思考，仅仅满足于清退占据着文保单位的地区居民，因此造成历史文化保护管理基础薄弱、文化产业形态落后和内涵挖掘宣传不够等问题。历史文化保护重视程度不够是长期存在的，棚户区改造项目的实施把历史文化资源从被侵占和忽视中解救出来，但是对于如何更好地管理、开发和利用，显然，政府和开发主体还没有做好充分的准备。

第七章　海口市“15分钟便民服务生活圈”与居住社区建设

第一节　立足居民生活需求的社区建设

一、社区建设与便民服务生活圈

1. 社区建设

社区的概念最早由我国著名的社会学家费孝通翻译引进并提出，以“社”字表示人群之意，以“区”字表示群体的空间位置。就城市地理学而言，社区本质上是一种社会网络。具体而言，是在某个固定地域之内，城市居民之间相互作用的结果。这种相互作用表现为生活上、心理上、文化上，甚至共识上。社区是城市的重要组成部分，集中体现出社区居民的经济、社会、文化活动。社区为居民的生活起居提供了必要场所，同时也是居民之间相互交际的重要场所。对城市管理者来说，城市社区建设有利于促进社会融合与维护社会稳定。在社区概念本土化过程中，我国对社区的解读更多强调人与物质之间的关系，既有人群及其组织，又有基本的物质资源（如房屋、基础设施、交通等），人群可以从物质中获得对社区的满足感与认同感。在国内，政府直接采用学术词汇“社区”命名基层社会的治理单元。因此，社区建设对城市发展与治理有着重要的现实意义。

2. 社区建设的意义

社区建设是我国政治社会建设的重要战略空间。社区作为基层治理的基础单元，是维护社会稳定与发展的根本要素。

社区建设过程会开发出一系列新的商业机会和商业模式。例如，社区中的助老、助残、公地改造等公共服务，社区内居民需要的便利店、家政服务、周边交通、外送等日常生活服务，都可能在社区建设过程中，通过引入市场机制，开发出新的商业需求和社区商业模式。同时，社区居民的文化娱乐、公共参与的需求也会带来相应的市场机会。当社区居民更多地重视公共事务时，则需要更多、更专业的社会工作者提供相应的服务；当社区居民需要书法、舞蹈、曲艺等娱乐活动时，则需要相应的专业人员和服务。这些需求可能长久没有得到重视，更没有得到满足。经过社区建设，社区居民的需求可以得到更好的满足，相应地也可以带来经济增长。

此外，在社区建设过程中，规范的政府行为和市场作用可以促进资源更有效地配置，社区居民的公共参与和监督可以减少浪费、杜绝腐败，这将对经济发展具有重要的推动作用。政府通过向社会组织购买服务和公开竞标的形式，可以最大限度地提高资金利用效率，并且对社区组织的行为进行有效监督。社区居民的公共参与可以通过充分的讨论，降低社区建设过程中的很多浪费，例如，避免因政府规划不恰当导致返工、无效施工等。只有当居民充分参与到当地事务的讨论中时，才能在事前充分了解到社区居民的需求，才能把相应的公共支出花在最合理的地方，才能避免资源的无效消耗。

3. 便民服务生活圈

便民服务生活圈是在概念上对社区赋予了更加丰富的空间内容，通常是指居民从居住地出发，在一定时间范围内，可以安全便利地购买到日常生活用品，满足基本生活需求的空间范围。便民服务生活圈体现了物质对社区建设的作用，同时也体现出立足居民生活需求，塑造新型社区的社会空间理念。

美国波特兰提出“20 分钟便民服务生活圈”，它是指居住在社区的成年人以 4.83 千米每小时的速度步行，20 分钟即可到达 1.61 千米远的目的地。实现居民从居住地出发，通过步行、汽车或公共交通，在 20 分钟内即可安全、便利地满足日常生活的需求，享受便民服务。与此同时，城市规划者和社区委员会提出了满足“20 分钟便民服务生活圈”的 3 个条件：目的地可到达性；交通便捷性；辅助性服务。

此外，美国科罗拉多州的试点是以轻轨车站为圆心，约 0.8 千米为半径，以地理信息技术为依托，建立“20 分钟便民服务生活圈”，以提高居住圈内居民的交通通勤效率。美国丹佛市试点“20 分钟便民服务生活圈”指出，在建设过程中，需要 6 大板块作为支撑：①就业，支持现有企业发展，以满足居民的需求，同时吸引更多企业为居民提供就业机会，在生活圈内建立多个就业指导中心；②社区推广，建立社区自身具有的特色文化，提升居民的文化认同感；③社区活动，根据社区居民的年龄分布、兴趣爱好、民族特色等定期举行相关的社区活动，如农贸集市、长跑、单车骑行等；④健康生活，提升社区内食品安全，审查食品供应商和原产地；⑤住房，支持鼓励居民改善居住条件，给居民提供相应的指导和帮助；⑥连通性和流动性，努力实现所有居民都可以通过步行或骑行达到指定的目的地。

二、国内社区建设经验

1. 政府主导为主，强调群众参与

我国的社区建设尚处于起步阶段，但得到了各地政府的极大重视。在社区建设中，政府的推动成为主要的作用力。特别是在我国的特殊体制下，基层政府对社区的渗透非常深入，同时，由于我国历来强调群众路线和群众参与，所以我国的社区建设具有在政府主导下强调群众参与的特点。政府主导体现在社区建设的主要规划、资金投入、实施过程和成果审核等方面。与国外不同的是，我国政府在社区建设中占据主导地位，特别是在城市社区中，街道办和作为街道办派出机构的社区居委会在社区建设中发挥了很大作用。社区建设的资金也很大程度上来自政府的项目拨款。同时，也有很多社会组织和居民组织在社区建设中发挥很大作用，包括相当一部分依靠政府购买服务运作的社会组织。但值得注意的是，这些社会组织或居民组织并不像国外的社会组织一样自主地发挥作用，它们往往需要和社区紧密合作。

2. 政府建设为主，组织活力不足

在推动社区建设的同时，国内也愈发重视社会组织的培育，特别是行业性的社会组织和社区性的居民组织得到极大重视。例如，在共青团等组织的领导下，北京市几乎已经成立了所有的行业协会；在北京市的旧城社区，平均每个社区都有多个居民组织；北京市在2015—2016年颁布了《社会团体登记管理条例》，成立社会组织不再需要挂靠单位，社会组织登记的门槛显著降低，社会组织的发展得到极大促进。但是，与国外不同的是，国内的社会组织大多还是依托于政府部门。在社区内活动的社会组织，也受到政府的很大影响，这主要表现在以下两方面。

（1）社区外的社会组织，通常需要和社区紧密合作，才能在社区内开展活动，获得必要的活动场地支持，甚至是获得活动许可。依靠政府购买服务进入社区的社会组织，只有严格按照政府规定的工作模式与规范，才能得到相应的资金。而这些政府购买的服务项目通常也是和社区日常工作紧密相关的。

（2）社区内的居民组织，通常是由社区组织的、得到了社区的经费

与场地支持的在地居民组成。居民组织的互助与娱乐性质较多，公共参与和公共讨论较少。特别是在基层政府和社区工作骨干组织的居民组织中，培育民主参与和公共讨论等作用较小。

3. 缺乏专业社工，专业训练不够

国内的社区工作者主要是社区工作站的社会工作者，他们属于体制内的社区工作人员。一方面，随着国内很多城市对社会组织建设的重视程度不断提高，社区工作者数量有了显著增长，但这些人员中大部分都是过去的行政工作人员，缺乏专业的社会工作培训和社会组织工作经验。另一方面，国内社会组织尚不发达，相关的专职从业人员数量较少。目前，国内的社会工作专职人员主要从事以下种类的工作：组织社区居民参与助老、助残等互助类公益活动；对社区内贫困、残疾、随迁儿童等进行社会救助，提供各种公益服务；组织社区居民参与各种文化娱乐活动；组织社区居民参与一些社区内的公共事务讨论，改善社区环境等。

4. 居民参与度较低，志愿服务落后

虽然国内的社会组织有了一定的发展，社区居民的公共参与有了一定的提高，但社区居民的参与度还是不能让人满意，尤其是城市社区中参与社会公共活动的，大多是退休人员和家庭主妇，参与主体相对单一，远不能代表社区的多样性，也不能有效促进社区内的公共协商和社区融合。志愿者服务缺乏动力，尽管越来越多的民间志愿者组织进入社区，但我国还是以政府推动为主。

三、国内便民服务生活圈实践概况

关于便民生活圈，国内很多城市也有了很多不同的尝试。例如，河南省郑州市把“15 分钟便民服务生活圈”细化为 6 个服务圈，明确了相应的牵头单位和责任。具体来说，“政务服务圈”的牵头单位是区行政审批中心，“生活服务圈”的牵头单位是区商务局，“卫生服务圈”的牵头单位是区卫生局，“文化教育服务圈”和“社区公益服务圈”的牵头单位是区民政局，“平安服务圈”的牵头单位是区政法委。在具体实行中，有些小区还推行了社区便民服务，如理发、磨刀、修伞、修裤边等；同时政府与周边商家合作，为社区居民提供打折优惠；社区还鼓励居民成立互助养老服务队，互帮互助，以提高社区的自治程度。但郑州市的“15 分钟便民服务生活圈”建设面临着场地不足、缺乏专业人员的问题。例如，内蒙古呼和浩特市也是联合多个政府部门，从 2015 年开始在 193 个社区打造便民服务生活圈，在社区周围形成便民菜市场、连锁超市、便利店、餐饮店、美容美发、医药店、家政服务站、洗染店等业态为主的便民服务网络，使社区居民步行15分钟即可享受就医、健身、阅读、娱乐等便民服务。另外，针对农村居民，呼和浩特市还计划在全市309个行政村中开展农村便民连锁超市全覆盖建设，实现统一配送，以保障食品安全，为乡村居民提供便利服务。

与上面两个例子有所不同的是，黑龙江省黑河市强调社区干部的责任。社区居民没时间缴纳电话费、电费，只要给社区打电话，社区的便民服务点即可代缴代办，钱也可以垫付。居民有困难，社区书记要保证第一个到场，现场办公，为居民解决问题。为了保障社区安全，全区实行网格化管理，由专职治安联防员和网格长负责，配备社区警务室和专职民警，并落实责任，使社区内的矛盾纠纷和安全隐患在15分钟内得到有效排查和及时处理。另一值得注意的经验是，河北省商务厅通过指导意见的形式规定了城市便民生活圈的建设标准，指导思路是“城市社区打造5分钟到便利店、10分钟到菜市场、15分钟到大型超市的便民生活圈。农村加快乡镇集贸市场升级改造和乡镇商贸中心建设”①。在这样的思路之下，商务厅不仅注重建设公益性市场网络，还有更加细致的考虑，对部分建设内容作出具体规定，例如，在社区总建筑面积当中，新建社区商业和综合服务设施的面积占比不得低于10%，促进了便民服务生活圈建设目标的实现。

在互联网快速发展的今天，很多城市希望借助在线服务促进便民服务生活圈建设，甚至做到足不出户即可获得政府服务。《中华人民共和国国民经济和社会发展第十四个五年规划和2035年远景目标纲要》明确提出要建设和发展数字中国，可以预见，在未来的城市生活中，数字化服务将会使便民生活服务圈实现质的飞跃。

第二节　案例选择和调查方法

一、案例选择

海口市地处热带，是热带海洋性季风气候，热带资源呈现多样性，是一座富有海滨自然旖旎风光的南方滨海城市。自北宋开埠以来，已有近千年的历史。1988年，海南建省办经济特区，海口市成为海南省省会。

① 王成果．打造5、10、15分钟城市便民生活圈[N]．河北日报，2015.

海口市拥有“中国优秀旅游城市”“国家历史文化名城”“全国旅游标准化示范城市”等荣誉称号。2015年7月31日，海口市召开“双创”工作动员大会，发动全市上下积极投入到“双创”工作中来，共建海口美好家园。

海口市为积极做好满足人民群众需求的公共服务，提出了打造“15分钟便民服务生活圈”的民生工程。在海口市委市政府的统一部署下，在社会各界共同努力下，全市建设了63个“15分钟便民服务生活圈”，充分展示了海口市委市政府以民生为本的服务型政府理念和行动策略；切实夯实了提升市民幸福指数的惠民利民工程；优化美化了海口市的人居环境和城市空间形态；大幅提升了城市服务功能和和谐社区建设；教育提升了市民素质和文明观念；大大加快了海口“双创”工作的前进步伐。

推动建设海口市“15分钟便民服务生活圈”具有4方面的意义。①有利于创建全国文明城市和国家卫生城市。通过建设“15分钟便民服务生活圈”，规范生活圈内居民的文明行为，改善生活圈内的便民服务设施。②有利于提高政府公共管理水平和各部门协同治理能力。③有利于营造优质生活环境和绿色环保生态空间。通过建设“15分钟便民服务生活圈”，为生活圈内的居民创造舒适宜居的空间，提升居民的幸福指数和满意程度。④有利于促进社会融合和维护社会稳定。通过建设“15分钟便民服务生活圈”，推动生活圈内的居民与商户之间、居民之间的互动性，强化政府对居民社区的管理能力。

海口市对“15分钟便民服务生活圈”的定义是：城市建成区的居民，在步行15分钟的范围内，以1.5～2千米为基本尺度，可到达满足居民日常需求的聚集服务生活圈。便民服务生活圈内主要包括由市场机制提供的便民服务和由政府提供的基本公共服务，满足居民物质和精神基本生活需求的“15分钟便民服务生活圈”。

“15分钟便民服务生活圈”主要涵盖两种服务：市场提供的便民服务和政府提供的基本公共服务。市场提供的便民服务是指满足生活圈内居民日常需求的市场化便民服务和便民设施，主要包括由市场机制提供的服务和设施，或由政府引导经营者提供的服务项目和服务设施。政府提供的基本公共服务是指满足生活圈内居民基本需求的政府公共服务。

按照需求层次理论与海口城市发展的阶段和实际情况，考虑居民的日常消费类型与出行方式，将海口市“15分钟便民服务生活圈”的服务和设施归纳成五类，如表7.1所示。具体来说，第一类服务设施立足于居民的日常生活基本需求，将餐饮、超市、菜市场、卫生间等4类基础设施和基本服务设定为基础建设目标。第二类服务设施立足于居民的出行、居家生活需求，将便民服务点、便民缴费点、老年服务站、治安岗亭等四类服务与设施设定为首要建设目标。第三类服务设施立足于居民的常规生活需求，将美容美发店、社区卫生服务站、药店、银行等四类服务与设施设定为功能建设目标。第四类服务设施立足于居民的日常活动需求，将小型休闲文化娱乐场所（书店、图书室）、健身及运动场馆等两类服务设施设定为文体建设目标。第五类服务设施立足于居民的文化消费、家庭服务需求，将宾馆、幼儿园等两类服务设施设定为完善建设目标。将五类服务设施依次建设完成，最终形成 5 类层次分明的“15 分钟便民服务生活圈”服务网络体系。

表 7.1　“15 分钟便民服务生活圈”基础配套设施分层表

类　别	内　容
第一类服务	餐饮、菜市场、超市、公厕
第二类服务	便民服务点（修鞋，裁缝，五金，自行车、电动车维修等）、便民缴费点（通信、水电、网费、电视费）、老年服务站、治安岗亭
第三类服务	美容美发店、社区卫生服务站、药店、银行
第四类服务	小型休闲文化娱乐场所（书店、图书室）、健身及运动场馆
第五类服务	宾馆、幼儿园

选取海口市龙华区的博爱街道骑楼老街和西门外社区，以及秀英区的海口港社区时代广场等 3 个社区为调研案例。首先，博爱街道骑楼老街是海口市很具特色的街道，最古老的建筑群吸引了很多外地游客。其次，西门外社区是海口市的百年老街，原住民居多。最后，海口港社区时代广场毗邻的时代广场是集购物、餐饮、休闲娱乐、观光为一体的大型商业广场，物流、人流、信息流、资金流 24 小时运转。

二、调查方法

以发放问卷的形式，收集博爱街道骑楼老街、西门外社区、海口港社区时代广场的相关数据。根据 3 个社区的实际情况与当地政府的负责人交流后，在海口市“双创”指挥部协调下，在博爱街道骑楼老街、西门外社区、海口港社区时代广场等 3 个社区的街道委员会的鼎力配合下，完成了海口市 3 个调研地点的“15 分钟便民服务生活圈”问卷调查，其中包括商户调查与居民调查两个分类调查。

调查中共发放 64 份商户问卷（覆盖不同的商户类型）、262 份当地居民问卷，收集了博爱街道骑楼老街、西门外社区、海口港社区时代广场等3个“15分钟便民服务生活圈”的数据。以下将数据分成商户数据与居民数据两大部分进行系统分析，如表7.2所示。

表7.2　3个社区的商户与居民调查问卷发放情况

类　别	博爱街道骑楼老街	西门外社区	海口港社区时代广场
商户调查	24份	18份	22份
居民调查	91份	99份	72份

第三节　商户调查数据分析

通过对3个“15分钟便民服务生活圈”内的不同类型商户进行调查发现，商户经营状况与便民服务生活圈的设施有着直接关系。其中交通设施、公共基础设施对商户产生了直接影响。此外，停车设施、安全的人行通道与周边商铺多样性是吸引客流的3个主要因素。

一、公共设施对商户的影响

根据商户评估社区环境各要素改善的重要程度的调查结果，加强公共卫生间的建设是3个便民服务生活圈共同需要优先考虑建设的设施，这说明公共卫生间是便民服务生活圈的一项基本公共设施，以服务生活圈内的商户与消费者。值得注意的是，秀英区海口港社区时代广场的商户同时希望改善节能环保措施。该社区居民以20～40岁的青壮年为主，学历多为高中、专科及本科。这说明对节能环保的关注可能与该社区的人口年龄结构与教育背景有关，因此，便民生活圈的建设需要与时俱进，以推行低碳生活。

二、交通设施对商户的影响

3个便民服务生活圈的商户认为，停车设施、非机动车道、人行道路等3个交通设施是需要改善的、十分重要的环境要素。透过商户雇员的通勤方式（电动车是各社区雇员上下班的重要交通工具），不难推断商户周边的交通状况与交通设施不仅影响客流量，也影响雇员通勤。因而交通设施是影响商户经营的重要公共因素。其中，停车设施对商户有着直接影响。

绝大部分西门外社区的商户（约占88.89%）与超过半数的博爱街道骑楼老街的商户（约占58.33%）认为周边停车设施较便利，如图7.1所示。这或许可以解释雇员通勤方式的成因。在住家与商铺距离相同的条件下（3 个社区均以 5 千米以下为主），电动车是前两个社区中雇员通勤的主要交通工具。而在停车设施不便利的社区，其商铺雇员则采取以公共交通为主的混合交通方式通勤。商铺周围是否有便利的停车设施影响了雇员对于通勤方式的选择。停车空间不足是停车不便的最重要因素。调查数据表明，拓展商铺周围的停车空间将十分有助于改善商铺周围停车设施不健全的问题。此外，西门外社区商铺周围乱停乱放的现象也十分突出。

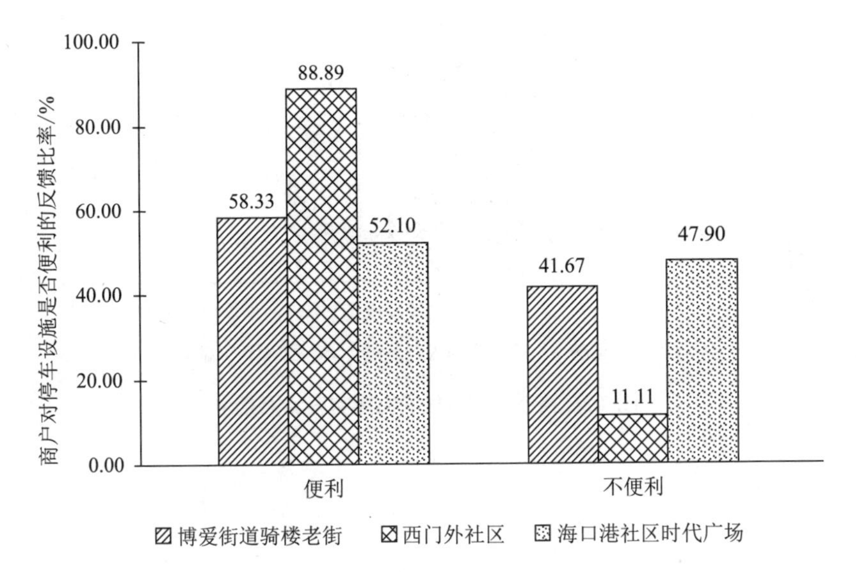

图 7.1　商铺周围停车设施情况

三、影响客流量因素分析

根据 3 个便民服务生活圈商户对影响客流量的各因素重要程度的评估数据，博爱街道骑楼老街的商户认为停车设施占 58.83%、安全的人行通道占 54.17% 与周边商铺多样性占 54.17%，这三种因素对客流量的影响“十分重要”；西门外社区的商户认为周边商铺多样性占 72.22%、行驶路况占 72.22% 与停车设施占 61.11%，这三种因素对客流量的影响“十分重要”；海口港社区时代广场的商户认为行驶路况占 72.23%、安全的人行通道占 68.18% 与优良的环境占 68.18%，这三种因素对客流量的影响“十分重要”。此外，结合商户对交通拥挤是否影响业务的评估，3 个社区均有超过半数的商户认为交通拥挤对业务的影响“较大”或“非常大”。这再次证明外部因素对商户经营的重要影响。

由图 7.2、图 7.3 和图 7.4 可知，停车设施、安全的人行通道与周边商铺多样性更容易影响 3 个社区中的商铺客流量。以上因素均属于商铺外部的社区因素，凸显了社区的交通情况、公共设施以及商铺的多元集聚效应对于店铺经营与社区商业的重要影响。

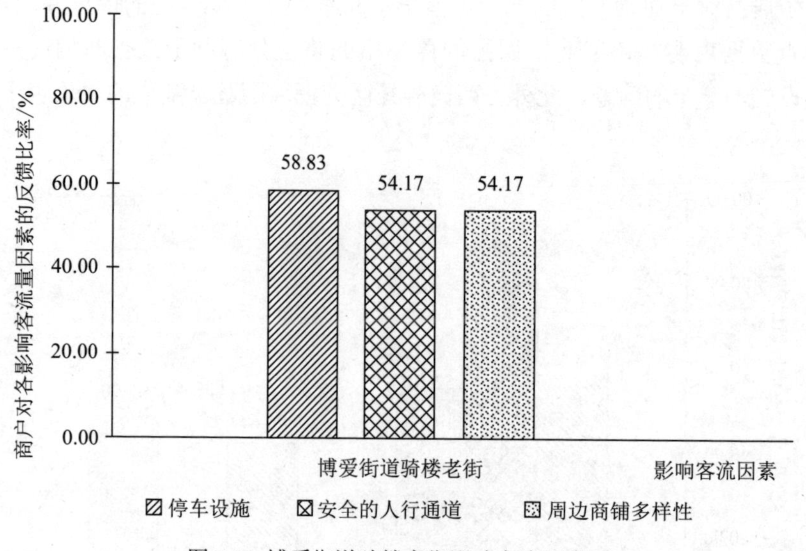

图 7.2　博爱街道骑楼老街影响客流因素图

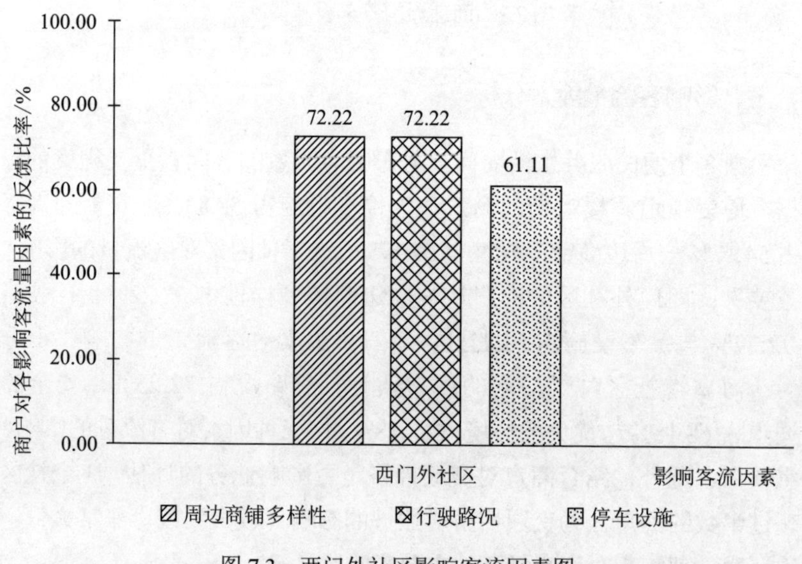

图 7.3　西门外社区影响客流因素图

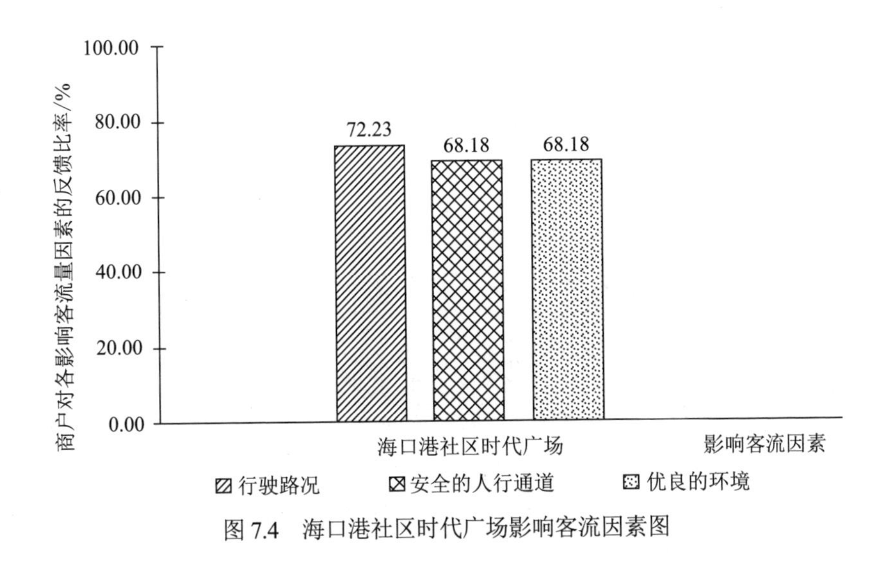

图 7.4　海口港社区时代广场影响客流因素图

第四节　居民调查数据分析

3 个便民服务生活圈的居民问卷分析将基于以下 8 个角度：居民背景分析，基础设施分析，交通网络分析，社会活动分析，志愿服务分析，文化建设分析，治安状况分析，建设满意度分析。

一、居民背景分析

问卷调研结果显示，第一，博爱街道骑楼老街和西门外社区居民中年龄在 20 ～ 30 岁（不含 30 岁）之间的占比超过 30%，而海口港社区时代广场居民的年龄则主要集中在 30 ～ 50 岁（不含 50 岁），见图 7.5。第二，如图 7.6 所示，在博爱街道骑楼老街，无学龄前人口的家庭占比高达 86.81%，在西门外社区与海口港社区也分别占有 69.70% 和 81.94%。第三，由图 7.7 可知，3 个社区的家庭中有老人的情况均占比 40% 以上。第四，由图 7.8 反映出 3 个社区的居民月均收入水平都集中在 2 000 ～ 4 000 元（不含 4 000 元）。第五，博爱街道骑楼老街居民中的初中学历占比超过 30%。而西门外社区和海口港社区时代广场居民的学历程度集中在高中和专科，如图 7.9 所示。因此，社区在举办社区活动和建设社区文化娱乐场所时，需要综合考虑社区居民的年龄结构、教育背景、收入状况等因素，因地制宜地满足不同社区居民的精神文化需求，以丰富居民社区生活，提高居民的幸福感和归属感。

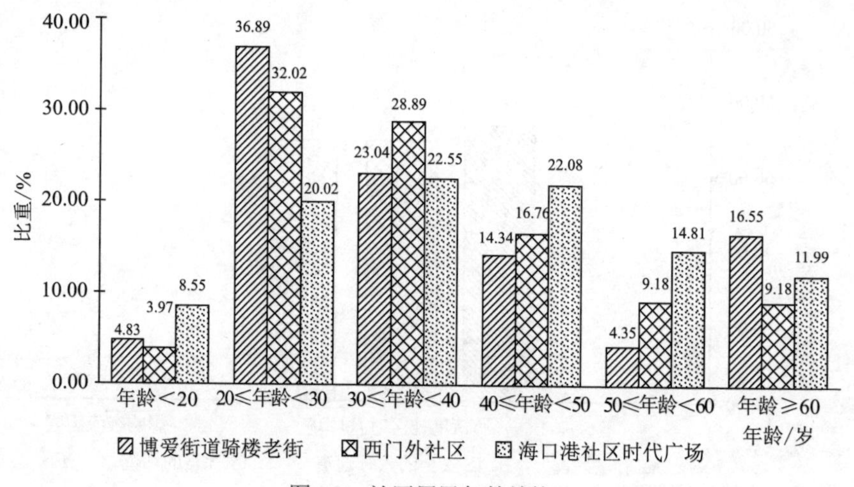

图 7.5　社区居民年龄结构

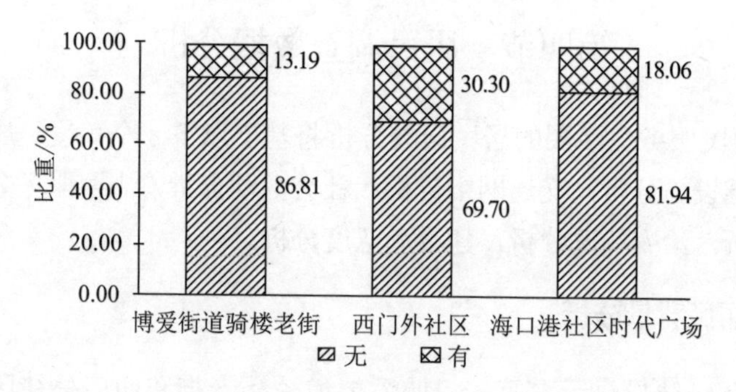

图 7.6　家庭学龄前人口情况

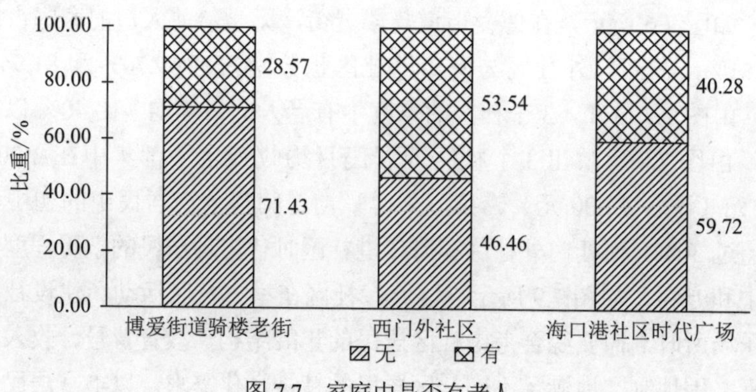

图 7.7　家庭中是否有老人

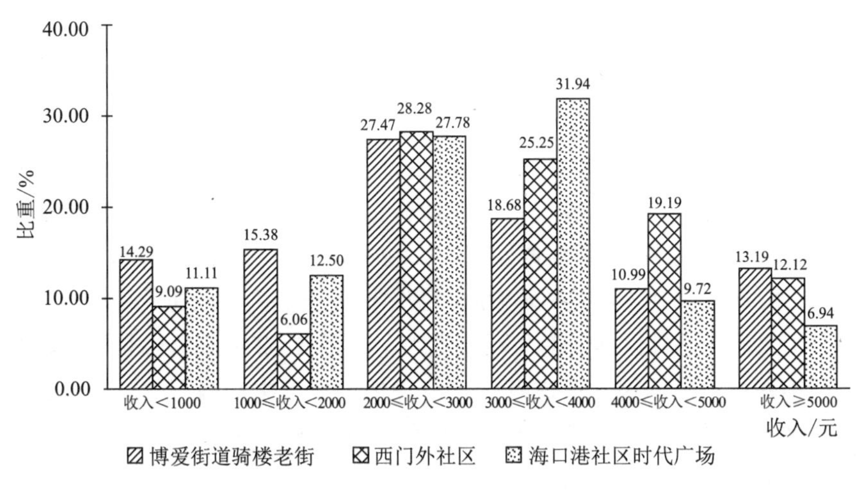

图 7.8　社区居民月均收入水平

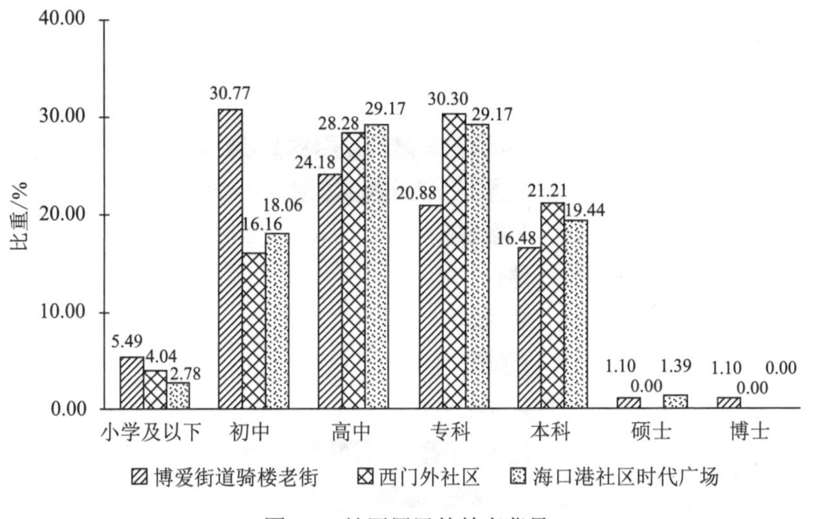

图 7.9　社区居民的教育背景

二、基础设施分析

菜市场建设直接影响居民生活，完善社区菜市场、便民菜站是民生工程的重中之重。在 3 个社区居民的调查中，菜市场是居民频繁光顾的场所。海口港社区时代广场有高达 81.94% 的被访者表示，他们每天都会光顾菜市场，这一比例在西门外社区和博爱街道骑楼老街也已高达 63.64% 和 45.05%。海口市要建设“15 分钟便民服务生活圈”，首先要从居民的菜篮子入手，努力改善菜市场的便捷程度和卫生安全程度，保证居民在 15 分钟范围之内就能买到放心菜。

居民对餐馆、超市、公厕、生活服务点、银行或 ATM 取款机、幼儿园的光顾频率较高。调查显示（见图 7.10），居民对超市、餐馆、公厕的需求仅次于菜市场。根据马斯洛的需求层次理论，人的需求符合金字塔模型，即只有当基础的生理需求得以满足时，才可能出现更高层次的需求。因此，在建设“15 分钟便民服务生活圈”时也应遵循需求层次理论的层级要求，首先完善第一类服务设施，立足居民日常生活基本需求，将餐饮、超市、菜市场、公厕等四类基础设施和基本服务设定为基础建设目标。此外，调查结果显示，社区居民对生活服务点、银行或 ATM 取款机和幼儿园的光顾频率也较高。因此在建设“15 分钟便民服务生活圈”时，需要重点考察这些便民服务与设施的选址和配套交通设施，使社区居民在 15 分钟内即可到达目的地。

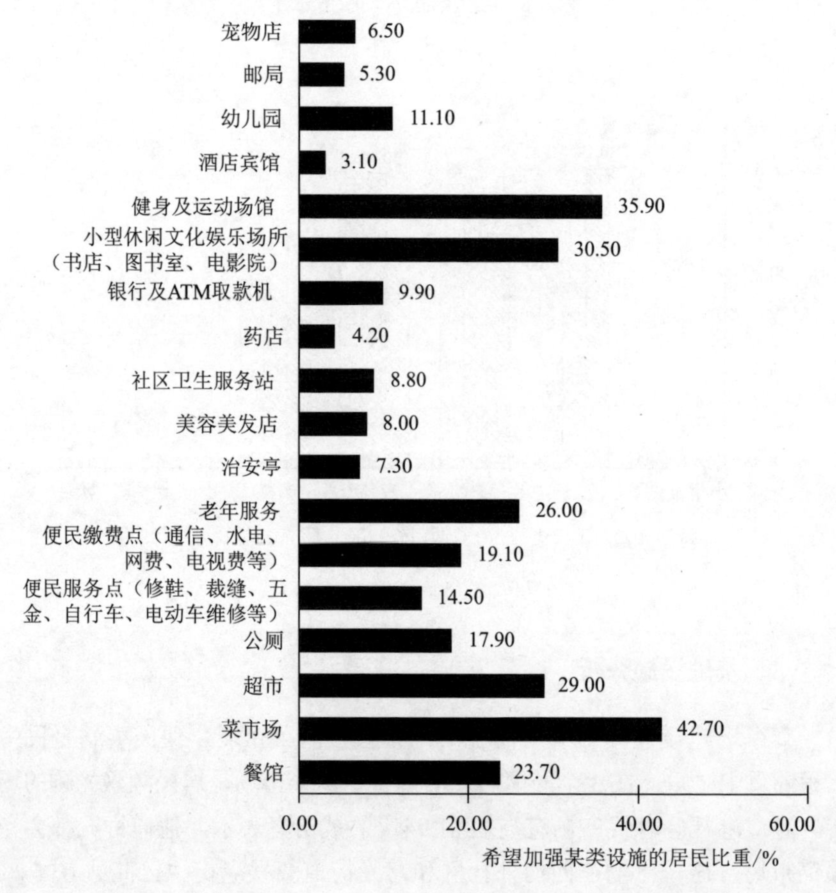

图 7.10 “15 分钟便民服务生活圈”内居民希望加强的便民服务和设施

调查结果显示，社区居民希望在菜市场、餐馆、超市等满足居民基本需求的便民设施方面加强建设。除此之外，居民表达了对精神文化的强烈需求，认为社区需要改善和加强小型文化娱乐场所的建设，这集中体现在海口港社区时代广场。同时，在打造“15 分钟便民服务生活圈”时，也需要重点加强老年服务、健身及运动场馆的建设。

三、交通网络分析

调查结果显示，居民的出行方式以步行和电动车为主，公共交通的使用率较低，如图 7.11 所示。在博爱街道骑楼老街和西门外社区，居民的首选出行方式均为电动车，其次为步行，公共交通和自驾车出行的居民占比较少。而海口港社区时代广场居民则表示会以步行为首要出行方式，其次是自驾车，公共交通的使用率同样较低。

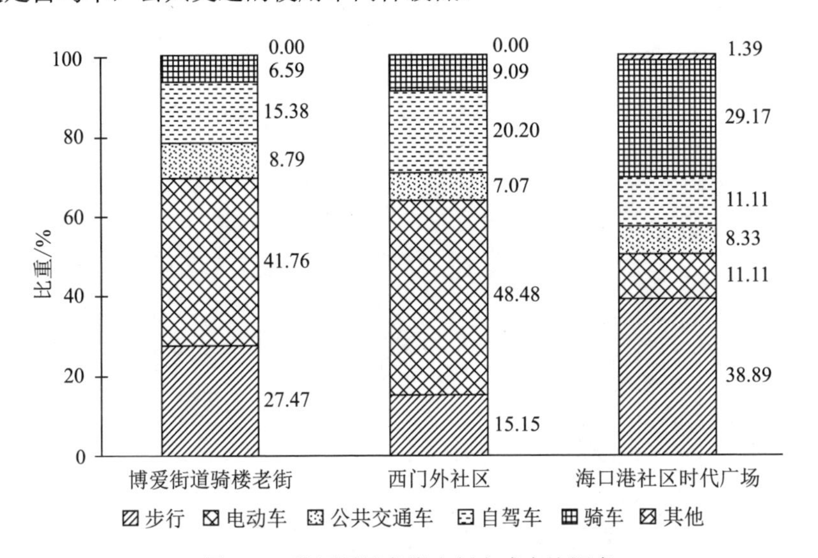

图 7.11　社区居民各类出行方式占比调查

社区居民对休闲散步的空间需求突出。调查结果显示，社区居民普遍表示，若社区加强人行道和休闲散步空间的建设，将极大鼓励居民选择步行方式出行。其次斑马线、路灯、商户建设对鼓励居民步行出行也会起到重要作用，如图 7.12 所示。

博爱街道骑楼老街人行道、骑行车道安全舒适度低，需要加强道路建设。调查结果显示，在博爱街道骑楼老街中只有 17.58% 的居民认为人行道是安全舒适的，而这一比例在西门外社区和海口港社区时代广场分别是 65.66% 和 62.50%，如图 7.13 所示。在对居民的调研访谈中还发现，博爱街道骑楼老街没有划分人行道和车行道，也没有交通信号灯，而且规划不合理，行车秩序混乱。因此，博爱街道骑楼老街急需加强社区人行道和车行道的规划与建设。

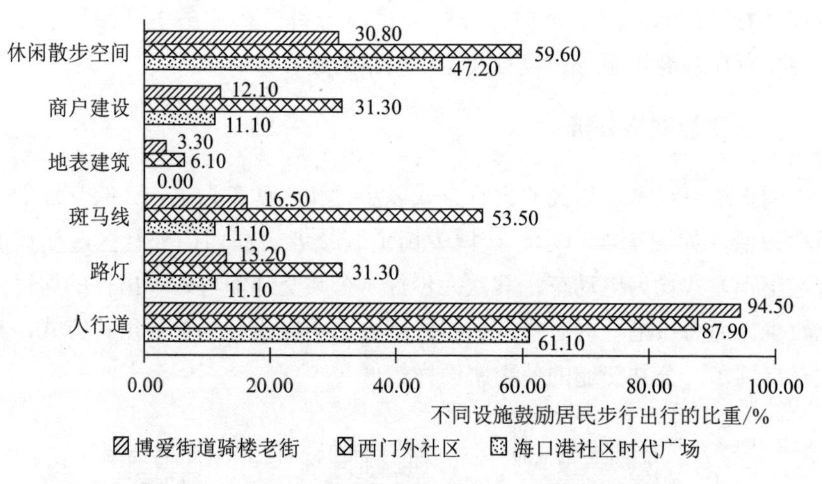

图 7.12　鼓励居民选择步行方式出行的措施占比调查

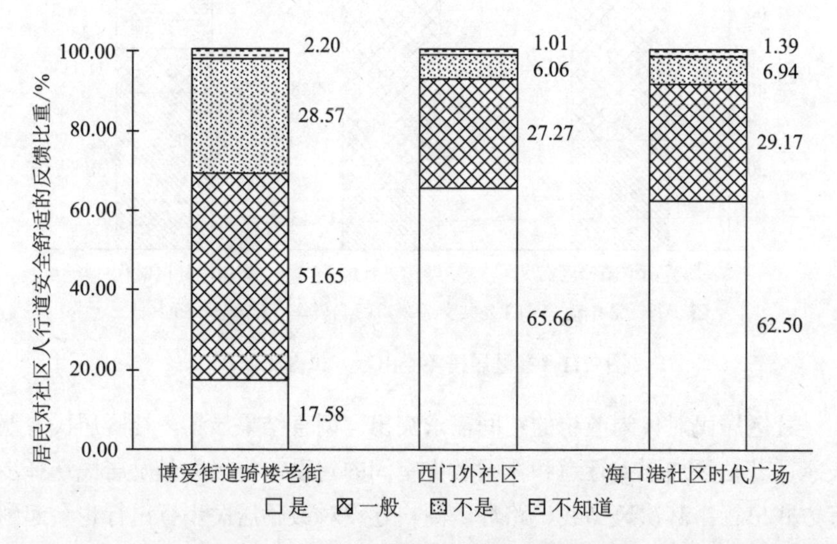

图 7.13　社区人行道安全舒适情况的占比调查

调查结果同时显示，博爱街道骑楼老街的骑行车道安全舒适情况也远不如西门外社区和海口港社区时代广场，如图 7.14 所示，博爱街道骑楼老街需要着力解决道路问题。道路问题是政府建设便民生活圈需要集中力量解决的问题。

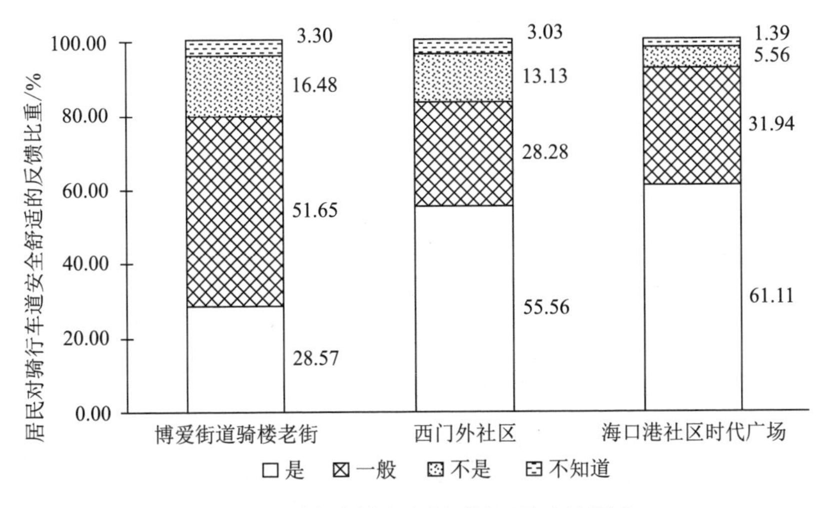

图 7.14　骑行车道安全舒适情况的占比调查

四、社会活动分析

居民的社区活动参与度较低，多数居民表示从未参加过社区组织的活动，甚至不知道社区都组织过什么活动。参与社区活动是社区居民融入社区，建立和谐邻里关系，培养社区居民归属感的重要途径。同时，不同类型的社区活动还可以丰富居民的日常生活、锻炼身体、拓宽知识面等。然而，调查结果显示，3 个社区的居民的社区活动参与度较低，推广和宣传效果较差，如图 7.15 所示。

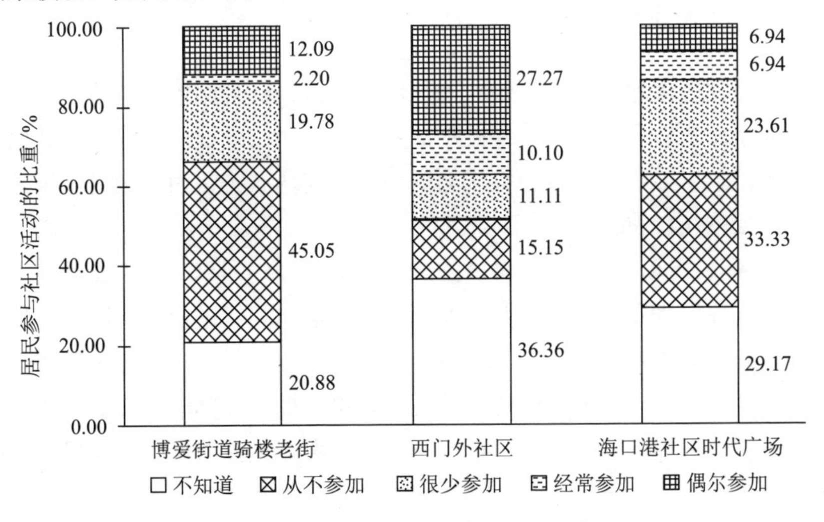

图 7.15　社区活动参与度的占比调查

在对居民感兴趣的社区活动的调查中发现，大部分居民对舞蹈、瑜伽、健身操等培训活动关注度较高，其次是文化竞赛和体育比赛，如图 7.16 所示。不同社区居民在期望增加的社区活动类型上稍有差别，3 个便民服务生活圈需要结合生活圈内的居民兴趣爱好，因地制宜地组织开展一系列活动。

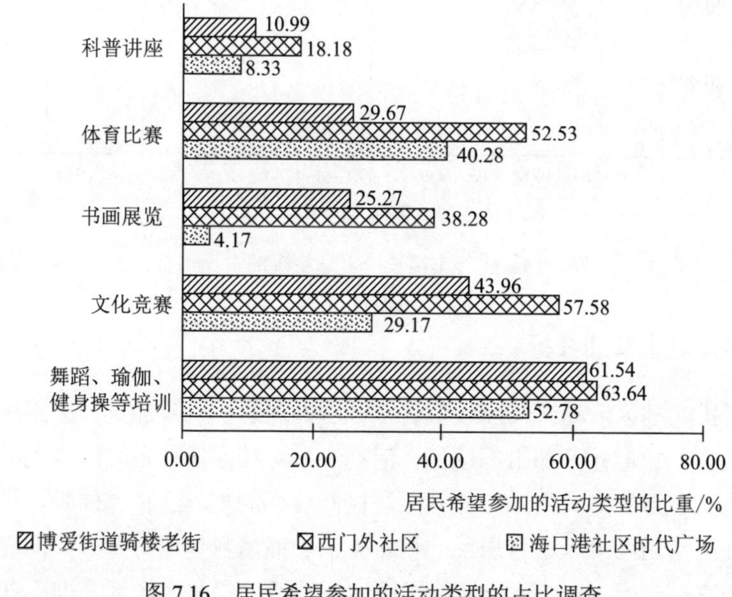

图 7.16　居民希望参加的活动类型的占比调查

五、志愿服务分析

现有社区志愿服务不完善（除西门外社区），且服务类型单一。调查结果显示，在被调查的 3 个便民生活圈中，仅西门外社区提供的志愿服务覆盖范围较广，不到半数的骑楼老街和时代广场居民认为社区提供了志愿服务，如图 7.17 所示。

经调查发现，现有社区提供的志愿服务种类较为单一，主要以清理和改善社区环境为主，很少涉及帮助社区弱势群体和促进社区居民之间的沟通与交流，如图 7.18 所示。将志愿者队伍和社工队伍引入社区管理，不仅是实现社会资本进入社区的有效模式，更是促进社会融合，解决留守儿童、空巢老人等问题的有效途径。志愿服务所能发挥的潜力不仅局限于改善社区的景观与环境。因此，在建设“15 分钟便民生活圈”的时候，社区应注意发展志愿者队伍，以帮助社区弱势群体，加强居民的归属感，提高社区居民的主人翁意识。

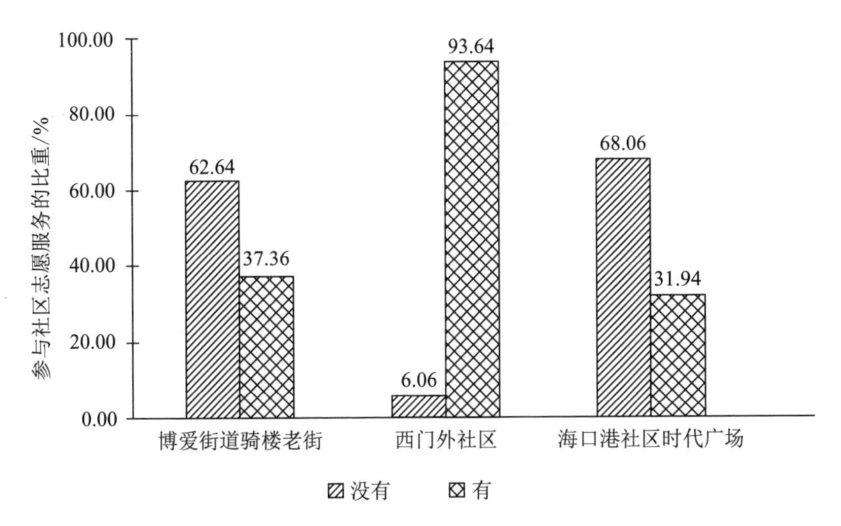

图 7.17　社区志愿服务情况占比调查

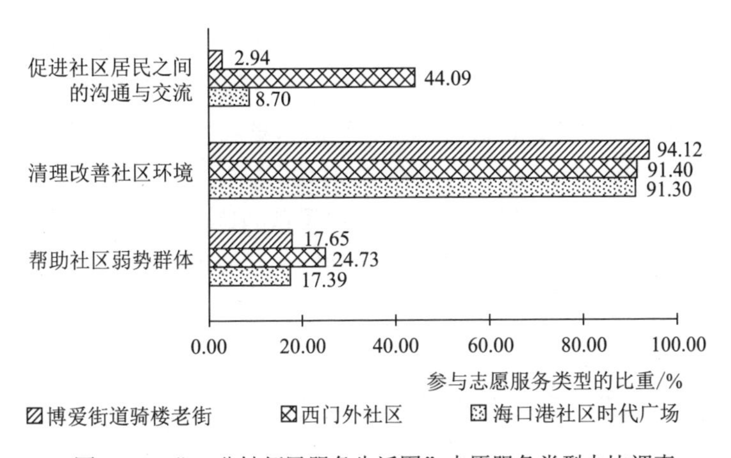

图 7.18　“15 分钟便民服务生活圈”志愿服务类型占比调查

六、文化建设分析

社区居民普遍表示希望加强社区文化，尤其是提供文化活动所需的场地和空间。调查结果显示，在博爱街道骑楼老街、西门外社区和海口港社区时代广场中分别有 68.13%、72.73% 和 83.33% 的居民表示希望加强便民生活圈的文化建设。同时，居民对文化活动的需求集中在希望社区提供文化活动所需的场地和空间、加强主管单位文化宣传力度等方面，如图 7.19 所示。这从侧面反映出现有的文化场所和空间不足。随着居民生活水平的提高，对文化需求的不断提升，便民服务生活圈在完善和建设时更需要考虑居民精神层次的需求，丰富居民日常生活。

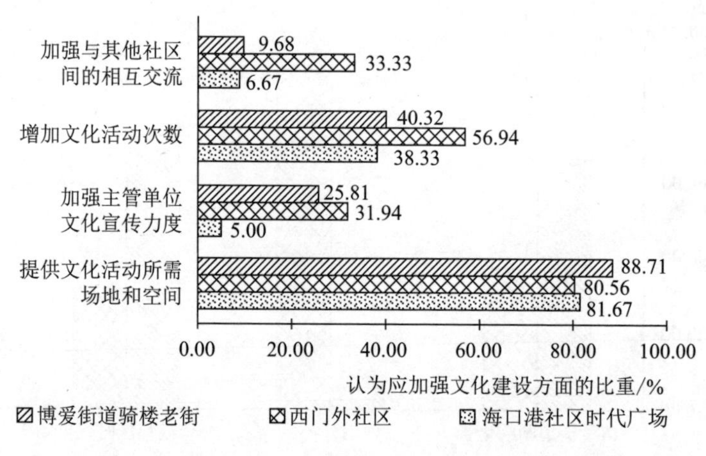

图 7.19　居民认为文化建设需要加强方面的占比调查

七、治安状况分析

“15 分钟便民服务生活圈”内的居民大多对社区内的治安环境的评价持较好或非常好的态度。调查结果显示，西门外社区有 93% 的居民对社区的治安条件的评价持满意态度，在海口港社区时代广场这一比例为 80%。然而与西门外社区和海口港社区时代广场相比，博爱街道骑楼老街的治安环境不容乐观，有 1.1% 的被访居民认为该便民服务生活圈的治安条件较差，有 35.16% 的居民表示该生活圈的治安条件一般，持满意态度的居民不到 65%，如图 7.20 所示。

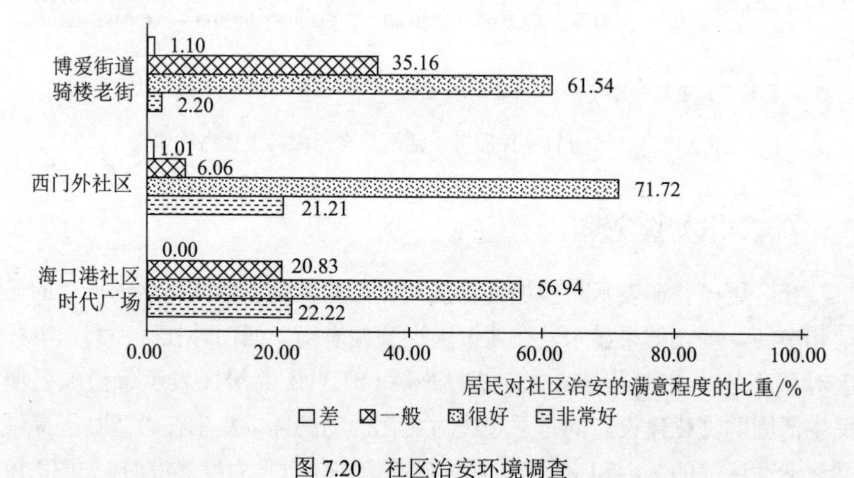

图 7.20　社区治安环境调查

在调查居民对治安岗亭和巡逻队伍的需求时，博爱街道骑楼老街有约 60% 居民表示希望增设治安岗亭和巡逻队伍，如图 7.21 所示。这一比例明显高于其他 2 个便民生活圈。在实地调研时发现，博爱街道骑楼老街流动人口较多，商贩、车辆往来频繁，治安条件较差，居民缺乏安全感。因此该便民服务生活圈急需建设治安岗亭和巡逻队伍，以保障本地居民的人身和财产安全。

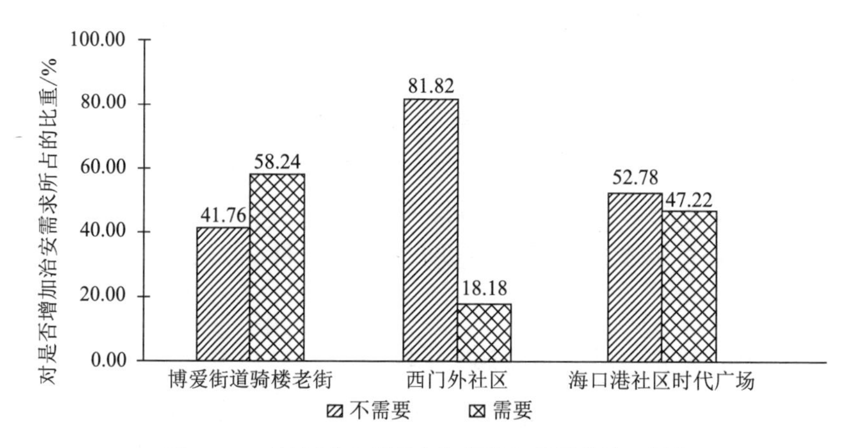

图 7.21　对社区治安岗亭和巡逻队伍的需求情况调查

八、建设满意度分析

调查还对便民服务生活圈的居民满意度进行了一次测评。结果显示，3 个便民服务生活圈内的居民总体对“15 分钟便民服务生活圈”持满意态度。通过对居民的问卷调查发现，在 3 个被调查的社区中，超过七成的居民对便民服务生活圈建设持满意态度，如图 7.22 所示。海口市政府牵头建设“15 分钟便民服务生活圈”是一项深入民心的惠民工程，同时也增加了政府建设、不断完善与发展便民服务生活圈的信心。

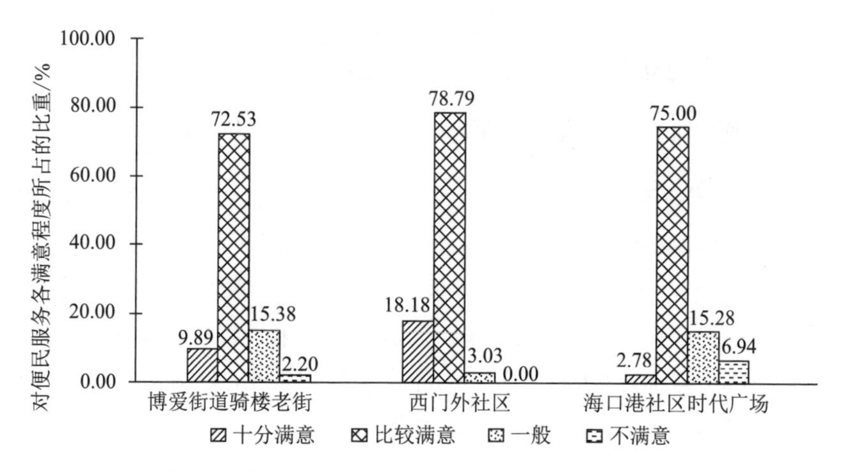

图 7.22　社区居民对便民服务和设施的满意情况调查

第五节　海口市便民服务生活圈建设方案

一、便民服务生活圈建设原则

树立“四个坚持”的指导思想：坚持为民服务的中心理念，坚持以民生需求为导向，坚持以造福群众为出发点，坚持硬件建设和软件建设相结合的思路。以建设便民服务生活圈为目标，把更多的人力、财力、物力投向基层，整合便民服务生活圈的服务资源，强化便民服务生活圈的服务功能，提升便民服务生活圈的服务水平，让居民群众享受到优质、便捷的服务。

1. 从居民利益出发，打造民生工程

把维护和发展居民的根本利益作为工作重心，把居民的服务需求摆在工作首位，把居民满意度和幸福指数当成工作考核的标准，将“15 分钟便民服务生活圈”建设成为服务居民的民生工程。

2. 发挥政府引导，坚持市场主导

发挥政府在规划制定、政策引导、资金投入、监督管理等方面的职能，保证便民服务生活圈的服务功能；强化市场主导地位，吸引各类经营者加入到便民服务生活圈建设，鼓励各类经营者对便民服务生活圈的投入。

3. 整合资源，搭建共享平台

通过现有的基础设施和服务网络，整合与社区服务设施建设相关的资金和资源，逐步搭建便民服务生活圈的各类服务平台，发挥服务平台的功能效益，形成规范化的便民服务生活圈服务体系。

二、便民服务生活圈建设顺序

“15 分钟便民服务生活圈”的建设顺序需要遵循 5 个分类的建设目标，采取市场机制与政府公共服务相结合的准则，逐步完成便民服务生活圈的服务与设施建设。下面将 5 类服务设施建设依据不同的属性分为商业、基础设施、社会和文化 4 个维度，每一项服务具备单一或双重属性，如表 7.3 所示。在落实建设方案时，根据服务本身不同的属性，推荐采取商户自营、政府配置或政府和社会资本合作的运作模式。

表 7.3　“15 分钟便民服务生活圈”五类服务设施建设方案

“15 分钟便民服务生活圈”的建设内容			属性				方式		
			商业	基础设施	社会	文化	商户	政府	政商合作
第一类服务设施建设	餐饮		√				√		
	便民菜站（▲）		√				√		
	便民超市（▲）		√				√		
	垃圾回收与环卫				√			√	√
	公共厕所			√				√	
第二类服务设施建设	综合性社区服务大厅（★）	综合治理			√			√	
		投诉处理			√			√	
		信访接待			√			√	
		医保服务			√			√	
		低保服务			√			√	
		再就业中心			√			√	
		法律咨询			√			√	
	便民缴费点（★）				√				√
	便民维修点（★）		√						√
	老年服务队伍				√				√
	治安岗亭、巡逻队伍（▲）				√			√	
第三类服务设施建设	美容美发		√				√		
	社区卫生服务站（★）				√			√	
	便捷药店（▲）		√				√		
	银行网点		√		√		√		
第四类服务设施建设	图书室、书店		√			√	√	√	
	开放式休闲娱乐空间（▲）					√		√	
	健身及运动场馆（▲）		√			√	√	√	
	绿色景观步道与草地			√				√	
第五类服务设施建设	幼儿园				√		√	√	
	宾馆		√				√		
关键建议	交通系统	规范机动、非机动车道		√				√	
		修建停车空间		√				√	
		循环小巴		√				√	
	智慧社区	便民生活圈电子商务			√				√
		移动客户端			√				√
		一站式政务办理			√			√	

注：1. 标注为（★）的项目需建设在便民生活圈的中心。

2. 标注为（▲）的项目需建设在居民聚集点，即居民步行 5～10 分钟即可到达的地方。

1. 第一类服务设施建设

（1）实行放心餐工程，街道（社区）与便民服务生活圈内的餐饮店签约，让居民享受到营养、健康、实惠的食物。

（2）建立社区便民菜站，让蔬菜从“菜园子”直通居民“菜篮子”，居民一出门就能买到新鲜、价廉、安全、放心的蔬菜。

（3）建立小型便民超市，提供满足居民日常消费的必需品。

（4）建立一个综合型的垃圾回收与环卫工作站，提升便民服务生活圈内的垃圾处理能力以及维护便民服务生活圈的环境卫生。

（5）建立公共厕所，满足便民服务生活圈内的各类经营者和周边人群的需求。

2. 第二类服务设施建设

（1）完善便民服务生活圈综合型社区服务大厅功能，提供居民的医保服务、低保服务、再就业咨询、法律咨询等。完善政府与居民的沟通机制，提供更好的社区服务。

（2）建立便民服务点，集成修鞋、裁缝、五金、自行车和电动车维修等服务，为当地居民提供方便、快捷的服务。

（3）建立“一站式”便民缴费点，使通信、水电、网费、电视费等缴费服务一体化，节约居民缴费的时间。

（4）建立老年服务队伍，引入能够满足老年人生活服务需求的商户，为老年人提供低价、优质的理发、护理、购物等服务。以政府购买公益服务的方式，为经济困难、行动不便的老年人免费安装“一键通”电话终端，包含亲情快捷拨通、急救呼叫公益热线、社区医生咨询、预约挂号分时就诊、精神慰藉等服务功能，满足老年人居家养老的服务需求。

（5）建立治安岗亭，组织巡逻队伍。把治安岗亭设置在便民服务生活圈的显眼位置，执勤能力覆盖便民服务生活圈，加强夜间巡逻力度，打造安全居住空间。

3. 第三类服务设施建设

（1）建立美容美发店，把美容美发店的服务内容、营业时间制作成手册告知服务生活圈的居民。

（2）建立社区卫生服务站，以居民需求为导向，为居民提供便捷、有效、实惠的基础医疗服务。

（3）建立便捷药店，把药店的服务内容、营业时间制作成手册告知服务生活圈内的居民。

（4）建立银行网点，街道与银行合作，共同推出“惠民卡”。居民持卡即可在服务站缴纳水、电、燃气、电话等费用。

4. 第四类服务设施建设

（1）建立开放式休闲娱乐空间，包括图书室、书店、休闲广场、公园等。

（2）建设健身及运动场馆，提供公共健身设备，减少居民慢性疾病，营造全面健身气氛，打造健康社区。

（3）修建或改善绿色景观步道和小型草地，方便居民的室外休闲运动，提升身心健康。

5. 第五类服务设施建设

（1）建立幼儿园，为便民服务生活圈内的学龄前儿童提供教育场所。

（2）建立高质量的宾馆，为外来游客提供休息场所。

6. 完善便民服务生活圈建设方案的关键建议

（1）升级便民服务生活圈的交通系统。

①规范机动车与非机动车道路。划分人行道，盲道，自行车、电动车道与机动车车道。

②修建停车空间。规划自行车、电动车的停车范围，规范非机动车的停车方式。

③推出“循环小巴”，方便居民换乘。街道（社区）可以依据自身条件，推出便民服务生活圈循环小巴或电动车，以公交车站、超市和医院作为停靠点。

（2）搭建智慧社区。

①实现便民服务生活圈电子商务。开通便民服务生活圈服务网站，将便民服务生活圈内的商务信息集中整理，给打折优惠特约服务商户开设个性化的电子门店，方便居民享受便利的日常生活服务。

②移动客户端与便民服务生活圈结合。把便民服务生活圈内的商务服务、便民设施等信息综合起来，做成 APP，把二维码放到公交车站牌、商户门面等显眼的位置。

③开展一站式政务服务。建设社区一站式公共服务软件平台，开通居民办理服务项目网上申请、审核、审批的绿色通道，并联网办理业务项目，满足居民快捷办理公共服务事项的需求。

三、便民服务生活圈建设管理

1. 部门联动形成合力

成立由海口市“双创”工作指挥部直属的海口市“15 分钟便民服务生活圈”工作领导小组（拟），区、街道两级各成立“15 分钟便民服务生活圈”工作协调小组（拟），发挥政府部门在建设便民服务生活圈时的统筹协调作用，按照统一政策、集中资金、聚集资源、聚集力量的准则，形成政府部门与便民服务生活圈之间的无缝隙对接通道，及时将建设过程中的进度、难点与领导小组、协调小组沟通。区和街道相关部门结合各自职能，将服务设施建设纳入年度工作计划，聚焦需求、统一部署、共同推进、贯彻落实、形成合力，全面推动建设便民生活圈的任务。

2. 科学统筹规划

按照人口规模适度、资源配置合理、功能齐全完善、管理服务方便的要求，由市工作领导小组牵头，由区和街道两级为推进主体，科学统筹规划“15 分钟便民服务生活圈”的服务设施。原则上建成一个覆盖 1 万人左右、具备多功能的“15 分钟便民服务生活圈”。社区规模较小，但人口居住密度较高的，可以突破社区的地域限制，统一规划，实行“多社区一圈”的形式。“15 分钟便民服务生活圈”的建设应与社区现有的配套设施和服务网点建设相衔接，避免重复建设和资源浪费。

3. 完善配套服务设施

根据《海口市城市居住区公共服务设施配置标准、相关设置规范和规划要求》，“15 分钟便民服务生活圈”将建成服务设施配套的区域，逐步形成以便民服务生活圈综合服务设施为主体，配套各类设施、服务网点、室内外设施相结合的服务设施综合体系。在基础设施较薄弱的老旧社区，有关单位应完善服务设施，使服务功能覆盖社区。

4. 加强信息网络建设

发挥现代信息技术优势，依托社区服务平台、社区服务热线和社区网格化服务管理体系，强化“15 分钟便民服务生活圈”的网络建设，发挥电子政务和电子商务的网络信息优势。加强网格化管理，定格、定人、定责。

5. 引入社会监督评价

区和街道及其相关组织和单位，制定管理规范、考核标准，建立便民服务生活圈服务满意度评价标准和奖惩制度，公布监督电话。便民服务生活圈内的居委会定期召开居民代表会议，广泛征求社区民意，对服务商和服务人员进行民主评议。有关单位主动将居民意见、建议和需求，及时反馈给服务商和服务人员。由街道成立便民服务生活圈服务监督委员会，组织便民服务生活圈内的居民代表、人大代表、政协委员等，对服务商和服务人员进行监督、评价。对于年度或季度评比优秀的服务商，街道应给予一定的奖励；对服务有缺陷、居民不满意，且拒不改正的服务商，取消其“15 分钟便民服务生活圈”的签约服务商资格。

6. 社会参与共建共享

在政府的主导下，动员社会各界力量，共同建设便民服务生活圈的基础设施和服务体系。积极引导便民服务生活圈内的有关单位将车位、运动场、图书馆等服务设施向周边居民开放，推动便民服务生活圈的社会资源整合。积极发挥志愿者的力量，招募志愿者参与便民服务生活圈的建设，动员志愿者和居民互动，通过志愿者提供政府和市场没有提供的服务。

四、便民服务生活圈保障措施

1. 加强组织领导力度

海口市“15 分钟便民服务生活圈”工作领导小组和区、街道两级的“15 分钟便民服务生活圈”工作协调小组，共同发挥建设便民生活圈的统筹协调作用，认真调查了解居民需求。市工作领导小组科学制定各地“15 分钟便民服务生活圈”建设的行动方案，并积极协调各相关部门组织落实。区和街道两级的工作协调小组把推进“15 分钟便民服务生活圈”建设工作纳入重要议事日程，丰富服务内容，及时解决建设便民服务生活圈中存在的问题，动员街道内的社区组织、社区志愿者积极参与社区服务活动。

2. 加强经费保障力度

由市政府、海口市“15 分钟便民服务生活圈”工作领导小组牵头，按有关规定提供财政保障。采用财政部分补贴、公共服务购买、商户居民自筹、资源共同分享等多种方式，对便民服务生活圈建设所需要的经费予以保障。鼓励企事业单位、社会团体、外资、个人，通过多种形式支持便民服务生活圈的服务设施建设，形成多元化投入分担机制，多渠道筹集便民服务生活圈建设资金。

3. 加强典型培育力度

启动海口市“15 分钟便民服务生活圈”的示范试点，学习全国各地建设便民服务生活圈的先进经验，挖掘以往城市建设工作中出现的好经验、好做法，运用到示范点上。把“15 分钟便民服务生活圈”建设与创新社会管理相结合，与解决居民生活需求相结合，加强媒体宣传力度，表彰建设的先进典型，形成全民支持、全民参与“15 分钟便民服务生活圈”建设的良好氛围。

综上所述，便民服务生活圈的建设不仅是满足居民需求，更重要的是促进城市社区空间的更好发展与管理。便民服务生活圈赋予社区更广的含义，同时也要求政府、市场与参与者做出相应的调整与改变，助力城市健康发展。

第八章　老旧小区改造与居民共同利益实现

第一节　老旧小区改造面临共同利益实现难题

一、老旧小区改造政策演进

1. 国家层面：中央国家机关老旧小区改造政策

2013 年，国家机关事务管理局、中共中央直属机关事务管理局、国务院国有资产监督管理委员会等六部委联合印发通知，要求开展老旧小区改造工作。改造对象为 1990 年以前建成的中央和国家机关等部门所属的老旧小区，目的在于解决职工住宅存在的建设标准较低、设备设施老化、功能配套缺失等问题，改造内容包括楼体建筑节能改造、管线及设备设施更新、院区环境综合整治等[①]。中央和国家机关改造资金由财政支持，所属单位和在京中央企业改造资金由产权单位自筹，财政按一定比例进行补贴。

2013 年，国管局印发通知，明确了中央国家机关老旧小区综合整治工作的总体要求、工作流程、职责分工、整治范围和保障措施等内容。

2014 年，国管局办公室印发通知，进一步细化了综合整治工作的范围与内容、项目申报与立项、初步设计与审批、项目组织实施、竣工结算与决算等内容。其中，对于已售公有住宅来说，在项目立项申报阶段，建设单位应取得占建筑物总面积和总人数双三分之二以上的业主同意；在项目初步设计申报阶段，建设单位应取得专有部分占建筑物总面积和总人数双 85% 以上的业主同意。

截至 2020 年，中央国家机关前一阶段老旧小区改造任务基本完成，已批复项目 533 个，总建筑面积 904 万平方米；已竣工项目 513 个，竣工率超过 96%，惠及 11 万户居民。

2. 部委层面：国资委老旧小区改造政策

国务院国有资产监督管理委员会所属老旧小区改造作为中央国家机

---

① 国家机关事务管理局，中共中央直属机关事务管理局，国务院国有资产监督管理委员会，等 . 关于开展中央国家机关老旧小区综合整治工作的通知：国管房地〔2013〕342 号 [Z]. 2013-9-18.

关老旧小区改造工作的一部分，已于2013年正式启动，主要采用政府投资、产权单位实施、居民配合的模式进行。产权单位将老旧小区改造立项、报有关政府部门批复后，开展初步设计和投资概算编制工作，其中一项重要的内容就是进行居民意见调查。建设单位通过召开居民大会等方式向居民宣传相关政策，通过居委会、老干部组织、居民联络员、物业管理单位等组织机构配合开展更加细致的入户调查工作。一些老旧小区由于建成年代较早，无配套物业管理单位，原有职工住户多已搬迁，社区内缺乏有影响力的组织，建设单位只能通过逐家逐户上门的方式征求意见。在实际工作中，为促进居民就改造实现共同利益，在缺乏科学有效的理论指导下，政府部门在施工前要进行大量的政策宣传、调查协调工作，过程中面临扰民、民扰等问题，居民实现共同利益费时费力且效果不显著。最终还会因为居民无法实现共同利益而放弃改造，改善居民生活环境的初衷也难以实现。

实现居民共同利益是老旧小区改造实际工作中所面临的一大难题，主要原因有以下三方面。

（1）社区居民被动参与。在现有的项目建设流程中，居民并不是立项的发起者与倡导者，仅仅作为被动接受的一方。政府主导老旧小区改造，在居民尚未准备充分的条件下，很容易造成居民因外力打破原有生活秩序而产生惰性或抵触心理，缺乏对共同利益的考量。当行为对个人短期利益造成负面影响时，即便对长期利益有利，居民也可能无法就此实现共同利益。

（2）缺乏组织引导。随着人们生活节奏的加快和原有居民的搬离，特别是在没有业主委员会等组织的社区中，居民个体之间的关系逐渐变得松散、淡漠。在这种环境下，居民在被征求意见时往往可以不受影响和约束地发表或不发表自己的意见，进而导致难以形成一个积极的主导意见，居民共同利益形成缺乏引导和支持。

（3）少数居民坚持不合理诉求。少数居民错误地将老旧小区改造当作拆迁，提出巨额的资金或房产补偿要求，这在现有政策框架下是不合理且无法实现的。还有一些居民将解决一些与改造无关的历史遗留问题作为参与改造的前提条件，超出了老旧小区改造建设单位的工作职责范围，无法就相关内容达成一致意见。

3. 城市层面：北京市老旧小区改造政策

2012年，北京市政府印发通知，决定对全市1990年以前建成的老旧小区进行改造，重点解决老旧小区居民反映强烈的安全隐患、居住不便、配套缺失等问题。

此前于2011年，北京市政府印发通知，明确了产权单位在提出老旧小区改造申请阶段，需经专有部分占建筑物总面积和总人数双三分之二以上的业主同意后方可提出改造申请。自2012年以来，北京市完成市属老旧小区改造面积超过6 600万平方米，共涉及小区1 700余个，惠及82万户居民。

二、老旧小区改造现实难题

随着我国城市化水平的不断提高，部分超大、特大城市的发展模式已由原有的外延扩张式逐步向内涵高质量式发展转变[①]。2018年，北京市城乡建设用地首次实现减量发展，成为全国首个减量发展的超大型城市[②]。在北京大力疏解非首都功能的背景下，如何顺应城市建设规模不增反减的新要求，实现城市减量提质与增进居民福祉协同共赢，推动经济社会高质量发展，已经成为摆在各级政府面前亟待解决的问题。在严控新增建设规模的背景下，旧城改造成为城市内部挖潜的重要途径和方法。北京市于1990年及以前建成的老旧小区共约5 849万平方米[③]，受限于当时的经济和社会条件，设计建造的多数居民住宅建设标准较低。在投入使用几十年后的今天，逐渐暴露出建筑结构老化、设备设施受损、配套功能缺失等问题[④]。老旧小区存在巨大安全隐患，同时也早已无法满足居民日益增长的、对于舒适居住条件和美好生活环境的需求，需要通过改造使其重新焕发生机。

为了落实党中央、国务院决策部署，自2013年起，国家机关事务管理局启动了北京市范围内的中央国家机关所属老旧小区改造工作[⑤]。改造内容主要包括：房屋建筑本体改造，包括楼内公共区域改造、配套公共设施改造、保温节能改造，如楼道粉刷、增设电梯、地下室整治等；服务设施的更新改造，包括上下水、供电、热力等系统的改造，增设无障碍设施及居民健身器材等；小区公共环境的综合整治，包括小区内的道路、绿

---

① 陶希东.中国城市旧区改造模式转型策略研究——从“经济型旧区改造”走向“社会型城市更新”[J].城市发展研究，2015，22（04）：111-116，124.

② 董兆瑞，高星.北京成为国内首个减量发展的超大型城市[EB/OL].(2019-9-24)[2020-8-15].http://bj.people.com.cn/n2/2019/0924/c233088-33383941.html.

③ 于学磊.老旧小区节能综合改造效果分析研究[D].清华大学，2016.

④ 王锋.老旧小区综合整治难点问题分析及对策探讨[J].地下水，2017（6）.

⑤ 国家机关事务管理局，中共中央直属机关事务管理局，国务院国有资产监督管理委员会，等.关于开展中央国家机关老旧小区综合整治工作的通知：国管房地〔2013〕342号[Z].2013-9-18.

化、景观、照明等设施的更新改造；架空线入地改造；垃圾分类设施建设等[①]。中央国家机关各部门作为项目实施的主体，承担居民宣传动员、项目组织管理等工作。

在现有政策框架下，老旧小区改造采取自上而下的政府主导模式[②]，各级政府部门是老旧小区改造的推动者和实施者[③]，负责提供资金保障、征求居民意见、组织收尾等全项目周期工作。老旧小区居民扮演被动参与者的角色[④]，拥有对其产权住房所在老旧小区改造表达意愿的权利[⑤]。在项目推进过程中，居民难以就改造内容实现共同利益，这成为阻碍改造项目实施的一个共性难点问题。具体表现为居民前期因对改造缺乏了解和准备，一方面希望通过改造改善生活环境，另一方面又不希望改造对日常生活造成过多影响，过度关注个体利益而不愿为共同利益做出让步[⑥]。当改造中的居民利益与集体利益发生冲突，如给排水、供暖系统改造等入户施工涉及拆改装修和限制厨卫使用，进而影响居民生活时，居民往往倾向于保护个体利益而不愿就改造内容与其他居民实现共同利益，从而导致改造内容无法实施，对稳步推进老旧小区改造工作产生了不良影响。

第二节　国资委所属老旧小区改造案例调查

一、调查方法

问卷调查为主，辅之以个人访谈。问卷设计的目的在于了解老旧小区居民在改造中实现共同利益的现状信息和影响因素。结合前文的理论研究和实际情况，调查问卷共设计 2 套（见附录 4、5），每套分为 3 个部分。第一套是初始调查老旧小区居民对于不同改造内容实现共同利益的现状信息，包括居民对不同改造内容的同意率、居民个人基本情况如性别、年龄、职业、空闲时间和调查方式等。第二套是对项目管理人员进行调查，收集目前所采取的促进居民实现共同利益的途径及效果信息。

---

① 国家机关事务管理局 . 关于印发中央国家机关老旧小区综合整治工作实施方案的通知：国管房地〔2013〕396 号 [Z]. 2013-10-23.

② 夏晓丽 . 城市社区治理中的公民参与问题研究 [D]. 山东大学，2011.

③ 何继新，李莹 . 城市社区公共物品供给多重治理逻辑、现实困厄与模式重构 [J]. 上海行政学院学报，2016，17（03）：53-59.

④ 石路 . 当代中国政府公共决策中的公民参与问题研究 [D]. 华东师范大学，2007.

⑤ 刘佳 . 论我国城市社区治理中的居民参与 [D]. 吉林大学，2007.

⑥ 杨骏 . 社会治理视野下的老旧社区治理研究 [D]. 云南财经大学，2016.

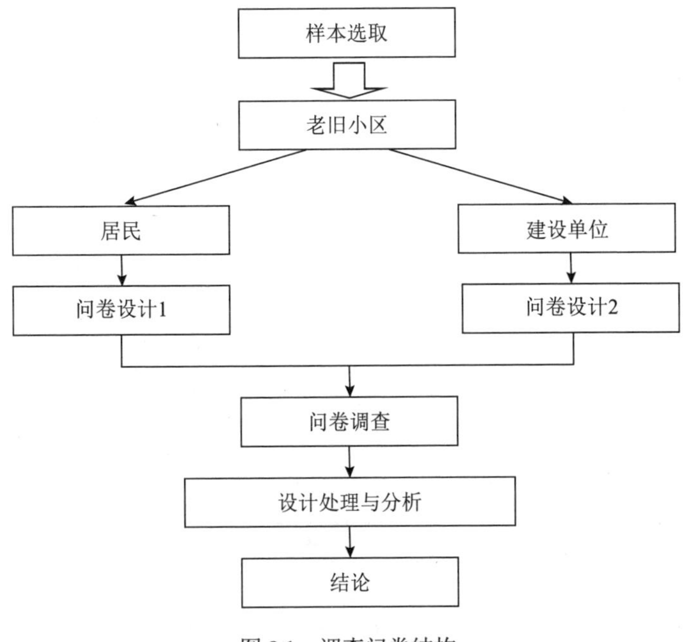

图 8.1　调查问卷结构

问卷设计 1：项目业主意见调查问卷（见附录 4）。

本调查表根据老旧小区改造不同基本情况居民实现共同利益研究需要而设计，主要目的在于收集居民性别、职业、年龄、空闲时间等个人基本信息和房屋基本情况，以及对于不同改造内容的参与改造意愿情况。用于初始调查和采取促进实现共同利益措施后的业主意见调查。

问卷设计 2：项目管理人员调查问卷（见附录 5）。

本调查表根据项目管理人员所采取的促进居民实现共同利益的途径及效果信息研究需要而设计，主要目的在于收集项目的基本情况（项目规模、居民申请情况、居民调查次数），初始调查情况（调查时间、调查方式、初始同意率、初始调查前所做的工作情况），为提高居民同意率所采取的促进居民实现共同利益的措施情况，以及对于促进居民实现共同利益措施的效果评价。本问卷采用李克特量表五点计分法，根据分析需要，选项设置为“非常差”“比较差”“一般”“比较好”“非常好”，分别计 1、2、3、4、5 分。

二、调查对象

调查对象为国资委所属项目居民和项目管理人员。上述项目资金由财政出资支持，改造内容不包括抗震加固等涉及居民搬迁的内容。

样本一选取国资委机关服务中心宣武门西大街26号院4号楼，以及南线阁37号院和南线阁甲39号院的全体居民，共753户。受疫情影响，本研究采取电话访谈和纸质问卷相结合的方式对全体居民开展调查，回收问卷740份，回收率98.3%。其中：电话调查648户，非接触式问卷调查92户，回收有效调查数据740份，有效率100%。具体情况见表8.1。

表8.1　居民资料的描述性统计

变量	分　类	频数/次	百分比/%	累计百分比/%
性别	男	546	73.8	73.8
	女	190	25.7	99.5
	夫妻双方	4	0.5	100.0
年龄	30岁及以下	10	1.4	1.4
	30～60岁（不含60岁）	521	70.4	71.8
	60岁及以上	205	27.7	99.5
	夫妻双方	4	0.5	100.0
职业	公务员（职工）	275	37.2	37.2
	公务员（非职工）	353	47.7	84.9
	非公务员	112	15.1	100.0
空闲时间	工作日有空闲时间	145	19.6	19.6
	工作日无空闲时间	595	80.4	100.0
接受调查方式	自填问卷	92	12.4	12.4
	电话调查	648	87.6	100.0

740份有效调查数据显示，在受访者性别方面，男性受访者546名，女性受访者190名，另有4户居民由夫妻双方共同署名，男性占比为73.8%。在受访者年龄方面，30岁以下受访者10名，占比仅为1.4%；30～60岁（不含60岁）的受访者人数最多，为521名，占比70.4%；60岁及以上的受访者205名，占比为27.7%，另有4户居民由夫妻双方共同署名。在受访者职业方面，公务员628名，占比84.9%，非公务员112名，占比15.1%，公务员占居民的绝大多数。在628名公务员中，本单位职工275名，非本单位职工353名。在受访者工作日空闲时间方面，有595户居民表示工作日无空闲时间配合改造，占比高达80.4%，仅有145户居民表示工作日有空闲时间配合改造。在接受调查方式方面，以接受电话调查的居民居多，有648名，占比达87.6%，另有自填问卷居民92名。

样本二选取截至2019年底已经完工的国资委项目管理人员进行问卷调查。发放并回收有效问卷44份，如表8.2所示。

表 8.2 项目管理人员资料的描述性统计

变量	分 类	频数 / 次	百分比 /%	累计百分比 /%
初始调查	2014 年	18	40.9	40.9
	2015 年	22	50.0	90.9
	2016 年	4	9.1	100.0
所属辖区	东城区	11	25.0	25.0
	西城区	8	18.2	43.2
	朝阳区	16	36.4	79.5
	丰台区	5	11.4	90.9
	石景山区	2	4.5	95.5
	海淀区	2	4.5	100.0
建成年代	20 世纪 50 年代及以前	1	2.3	2.3
	20 世纪 60 年代	1	2.3	4.6
	20 世纪 70 年代	7	15.9	20.5
	20 世纪 80 年代	28	63.6	84.1
	20 世纪 90 年代以后	7	15.9	100.0
建设规模	小型	4	9.1	9.1
	中型	40	90.9	100.0
投资规模	1 000 万元及以下	15	34.1	34.1
	1 000 万～3 000 万元（不含 3 000 万元）	23	52.3	86.4
	3 000 万元及以上	6	13.6	100.0
居民规模	100 户及以下	19	43.2	43.2
	100 ～ 300 户（不含 300 户）	20	45.5	88.7
	300 户及以上	5	11.3	100.0
每户面积	50 平方米及以下	3	6.8	6.8
	50 ～ 100 平方米（不含 100 平方米）	34	77.3	84.1
	100 平方米及以上	7	15.9	100.0

44 份有效调查问卷显示，有 18 个项目在 2014 年开展了初始调查，有 22 个项目在 2015 年开展了初始调查，有 4 个项目在 2016 年开展了初始调查。在项目所处地理位置方面，44 个老旧小区分布在北京市的 6 个市辖区内，主要集中在城市中心区，其中朝阳区 16 个，所占比例最大，为 36.4%。在项目建成年代方面，44 个老旧小区建成于 1950—2000 年，建成于 20 世纪 50 年代的有 1 处，占比最少；建成于 20 世纪 80 年代的最多，有 28 处，占比达 63.6%。在项目建设规模方面，中型工程有 40 个，所占比例最大，为 90.9%。在项目投资规模方面，投资概算在 1 000 万元至 3 000 万元（不含 3 000 万元）之间的有 23 个，所占比例最大，为 52.3%；投资概算在 1 000 万元及以下的有 15 个；投资概算在 3 000 万元

及以上的有 6 个。在项目居民规模方面，100 户至 300 户（不含 300 户）之间的有 20 个，所占比例最大，为 45.5%；居民数在 100 户以下的有 19 个；居民数在 300 户及以上的有 5 个。在项目每户面积方面，户均建筑面积在 50 ～ 100 平方米（不含 100 平方米）的有 34 个，所占比例最大，为 77.3%；每户面积在 50 平方米及以下的有 3 个；户均建筑面积在 100 平方米及以上的有 7 个。

第三节　居民共同利益实现状况调查和数据分析

一、关于居民实现共同利益现状的基本情况

国资委南线阁小区建成于 1997 年，由 4 栋建筑组成，总建筑面积 99 565.7 平方米，共有居民 753 户。该项目于 2015 年进行了一次老旧小区改造，由于当时的投入使用时间尚未超过 20 年，因此，2015 年的改造内容仅为屋面防水改造。2020 年初，该小区申请启动新一批老旧小区改造，内容包括：楼体外墙保温改造；楼体公共区域粉刷；楼内公共区域给排水、消防等管线改造；户内给排水、供热管线改造及其他配套设施改造；环境整治等。受疫情影响，本次改造前未开展改造政策效果宣传和组织动员工作。2020 年 4 月，该小区开展了居民参与改造意愿调查，采用电话调查和非接触式问卷调查的方式进行。在 753 户居民中，接受调查的居民共有 740 户，其中电话调查 648 户，非接触式问卷调查 92 户。

调查显示，同意率较高的改造内容是规范垃圾分类收集、楼体外墙、楼道等公共区域清洗粉刷、小区市政设施改造等，同意率略低的改造内容为户内给排水、供热管线改造、楼体外门和窗改造等，具体情况如表 8.3 所示。

表 8.3　南线阁小区居民参与改造意愿

改造内容	同意数 / 户	同意率 /%（占受调查户数）	同意率 /%（占总户数）
楼体外墙保温改造	723	97.70	96.02
楼体外门、窗改造	700	94.59	92.96
楼体外墙、楼道等公共区域清洗粉刷	733	99.05	97.34
增设门禁系统	730	98.65	96.95
楼内公共区域给排水、消防等管线改造	730	98.65	96.95
楼内照明系统改造	733	99.05	97.34
外墙雨水管改造	732	98.92	97.21

续表

改造内容	同意数 / 户	同意率 /%（占受调查户数）	同意率 /%（占总户数）
空调外机统一规整	723	97.70	96.02
完善无障碍设施	729	98.51	96.81
户内给排水、供热管线改造	683	92.30	90.70
电梯更新	727	98.24	96.55
排污等管网改造	729	98.51	96.81
更新安防、消防设施	732	98.92	97.21
小区市政设施改造	732	98.92	97.21
增设或改造非机动车的停放设施	731	98.78	97.08
规范垃圾分类收集	736	99.46	97.74
规范机动车停车	732	98.92	97.21
增设停车及电动汽车、自行车充电设施	727	98.24	96.55
配套附属用房改造	716	96.76	95.09
更新或补建信报箱	718	97.03	95.35

居民参与改造意愿与改造内容存在一定关联。受调查居民对小区公共区域、无法自行实施的增加且不减损个体利益的项目（如环境整治、外墙保温等），积极性较高；对需要入户的以及拥有个性化选择的改造内容，特别是可能造成个人利益受损或可以自行实施的项目（如户内管线、外窗更换等），积极性有所降低。

二、关于不同性别居民实现共同利益现状的情况

对不同性别居民实现共同利益现状的情况进行统计，发现受访的男性居民与女性居民参与改造的意愿差距不大，如表 8.4 所示。546 名男性受访居民的同意率和 190 名女性受访居民的同意率与全体居民的同意率较为接近。

表 8.4　老旧小区不同性别居民参与改造意愿比较

改造内容	同意率 /%（汇总）	同意率 /%（男）	同意率 /%（女）
楼体外墙保温改造	96.02	96.38	95.88
楼体外门、窗改造	92.96	93.67	91.75
楼体外墙、楼道等公共区域清洗粉刷	97.34	97.83	96.91
增设门禁系统	96.95	97.29	96.91
楼内公共区域给排水、消防等管线改造	96.95	97.47	96.39
楼内照明系统改造	97.34	98.19	95.88

续表

改造内容	同意率 /%（汇总）	同意率 /%（男）	同意率 /%（女）
外墙雨水管改造	97.21	97.83	96.39
空调外机统一规整	96.02	96.93	94.33
完善无障碍设施	96.81	97.83	94.85
户内给排水、供热管线改造	90.70	91.14	90.21
电梯更新	96.55	97.11	95.88
排污等管网改造	96.81	97.11	96.91
更新安防、消防设施	97.21	98.19	96.91
小区市政设施改造	97.21	98.01	95.88
增设或改造非机动车的停放设施	97.08	97.47	96.91
规范垃圾分类收集	97.74	98.37	96.91
规范机动车停车	97.21	97.65	96.91
增设停车及电动汽车、自行车充电设施	96.55	97.11	95.88
配套附属用房改造	95.09	95.48	94.85
更新或补建信报箱	95.35	95.66	95.36

进一步对不同性别居民参与改造意愿进行方差分析。居民参与改造意愿选项为“是”“否”，分别计 0、1 分。

不同性别居民参与改造的意愿未表现出显著差异性。不同性别样本对于楼体外墙保温改造，楼体外门、窗改造，楼体外墙、楼道等公共区域清洗粉刷，增设门禁系统，楼内公共区域给排水、消防等管线改造，空调外机统一规整，外墙雨水管改造，完善无障碍设施，户内给排水、供热管线改造，电梯更新，增设或改造非机动车的停放设施，排污等管网改造，更新安防、消防设施，规范机动车停车，增设停车及电动汽车、自行车充电设施，配套附属用房改造，更新或补建信报箱等 17 项改造内容在参与改造意愿方面的 p 值大于 0.05，如表 8.5 所示。仅楼内照明系统改造，小区市政设施改造，规范垃圾分类收集等 3 项同意比例较高的改造内容，在参与改造意愿方面的 p 值小于 0.05。基于上述现象我们认为，居民参与改造的意愿与性别无明显关联。

表 8.5　老旧小区不同性别居民参与改造意愿均值比较

改造内容	性别（平均值 ± 标准差）		F 值	p 值
	女	男		
楼体外墙保温改造	0.98±0.14	0.98±0.13	0.159	0.690
楼体外门、窗改造	0.94±0.24	0.96±0.19	1.903	0.168

续表

改造内容	性别（平均值 ± 标准差）		F值	p值
	女	男		
楼体外墙、楼道等公共区域清洗粉刷	0.99±0.10	1.00±0.06	1.213	0.271
增设门禁系统	0.99±0.10	0.99±0.09	0.171	0.679
楼内公共区域给排水、消防等管线改造	0.98±0.12	0.99±0.09	1.054	0.305
楼内照明系统改造	0.98±0.13	1.00±0.04	5.112	0.024
外墙雨水管改造	0.98±0.12	0.99±0.07	1.833	0.176
空调外机统一规整	0.97±0.18	0.99±0.11	2.861	0.091
完善无障碍设施	0.98±0.14	0.99±0.07	3.673	0.056
户内给排水、供热管线改造	0.92±0.27	0.93±0.25	0.325	0.569
电梯更新	0.98±0.13	0.99±0.09	1.059	0.304
排污等管网改造	0.99±0.10	0.99±0.10	0.004	0.952
更新安防、消防设施	0.99±0.10	0.99±0.07	0.519	0.472
小区市政设施改造	0.98±0.13	1.00±0.04	5.101	0.024
增设或改造非机动车的停放设施	0.99±0.10	0.99±0.10	0.027	0.871
规范垃圾分类收集	0.99±0.10	1.00±0.00	5.771	0.017
规范机动车停车	0.99±0.10	1.00±0.06	1.208	0.272
增设停车及电动汽车、自行车充电设施	0.98±0.13	0.99±0.10	0.268	0.605
配套附属用房改造	0.98±0.13	0.99±0.12	0.012	0.915
更新或补建信报箱	0.98±0.14	0.98±0.14	0.050	0.822

三、关于不同年龄居民实现共同利益现状的情况

对不同年龄居民实现共同利益现状的情况进行统计，发现除 30 岁以下受访居民样本数量较少外，30 ～ 60 岁（不含 60 岁）的受访居民同意率和 60 岁及以上的受访居民同意率差距不大。521 名 30 ～ 60 岁（不含 60 岁）的受访居民的同意率和 205 名 60 岁及以上的受访居民的同意率与全体居民的同意率较为接近，如表 8.6 所示。

表 8.6　老旧小区不同年龄居民参与改造意愿比较

改造内容	同意率 /%（0~30 岁，不含 30 岁）	同意率 /%（30~60 岁，不含 60 岁）	同意率 /%（60 岁及以上）
楼体外墙保温改造	90.91	96.21	96.63
楼体外门、窗改造	90.91	93.94	91.35
楼体外墙、楼道等公共区域清洗粉刷	90.91	97.73	97.60
增设门禁系统	90.91	97.35	97.12

续表

改造内容	同意率 /%（0~30 岁，不含 30 岁）	同意率 /%（30~60 岁，不含 60 岁）	同意率 /%（60 岁及以上）
楼内公共区域给排水、消防等管线改造	90.91	96.97	98.08
楼内照明系统改造	90.91	97.73	97.60
外墙雨水管改造	90.91	97.16	98.56
空调外机统一规整	90.91	96.40	96.15
完善无障碍设施	90.91	97.16	97.12
户内给排水、供热管线改造	90.91	91.48	89.42
电梯更新	90.91	96.78	97.12
排污等管网改造	90.91	96.97	97.60
更新安防、消防设施	90.91	97.54	97.60
小区市政设施改造	90.91	97.73	97.12
增设或改造非机动车的停放设施	90.91	97.54	97.12
规范垃圾分类收集	90.91	98.11	98.08
规范机动车停车	90.91	97.92	96.63
增设停车及电动汽车、自行车充电设施	90.91	97.35	95.67
配套附属用房改造	90.91	95.83	94.23
更新或补建信报箱	90.91	96.21	94.23

进一步对不同年龄居民的参与改造意愿进行方差分析。

不同年龄居民对于楼体外墙保温改造等 20 项改造内容在参与改造意愿方面的 p 值均大于 0.05，如表 8.7 所示，表明在上述 20 项改造内容中，不同年龄居民参与改造的意愿未表现出显著差异性。基于上述现象我们认为，居民参与改造的意愿与年龄无明显关联。

表 8.7　老旧小区不同年龄居民参与改造意愿均值比较

改造内容	年龄（平均值 ± 标准差）			F 值	p 值
	0~30 岁，不含 30 岁	30~60 岁，不含 60 岁	60 岁及以上		
楼体外墙保温改造	1.00±0.00	0.98±0.14	0.99±0.12	0.180	0.836
楼体外门、窗改造	1.00±0.00	0.96±0.20	0.95±0.23	0.491	0.612
楼体外墙、楼道等公共区域清洗粉刷	1.00±0.00	0.99±0.09	1.00±0.00	0.822	0.440
增设门禁系统	1.00±0.00	0.99±0.10	1.00±0.07	0.240	0.787
楼内公共区域给排水、消防等管线改造	1.00±0.00	0.99±0.12	1.00±0.00	1.457	0.234

续表

改 造 内 容	年龄（平均值 ± 标准差）			F 值	p 值
	0~30 岁，不含 30 岁	30~60 岁，不含 60 岁	60 岁及以上		
楼内照明系统改造	1.00±0.00	0.99±0.09	1.00±0.00	0.822	0.440
外墙雨水管改造	1.00±0.00	0.99±0.11	1.00±0.00	1.252	0.286
空调外机统一规整	1.00±0.00	0.98±0.14	0.99±0.12	0.175	0.839
完善无障碍设施	1.00±0.00	0.99±0.12	1.00±0.00	1.440	0.237
户内给排水、供热管线改造	1.00±0.00	0.93±0.25	0.92±0.27	0.531	0.588
电梯更新	1.00±0.00	0.99±0.12	1.00±0.00	1.446	0.236
排污等管网改造	1.00±0.00	0.98±0.12	1.00±0.00	1.657	0.191
更新安防、消防设施	1.00±0.00	0.99±0.10	1.00±0.00	1.030	0.358
小区市政设施改造	1.00±0.00	0.99±0.09	1.00±0.00	0.818	0.442
增设或改造非机动车的停放设施	1.00±0.00	0.99±0.10	0.99±0.10	0.049	0.952
规范垃圾分类收集	1.00±0.00	1.00±0.06	1.00±0.00	0.411	0.663
规范机动车停车	1.00±0.00	1.00±0.06	0.99±0.10	0.510	0.601
增设停车及电动汽车、自行车充电设施	1.00±0.00	0.99±0.11	0.99±0.12	0.128	0.880
配套附属用房改造	1.00±0.00	0.99±0.12	0.98±0.14	0.271	0.762
更新或补建信报箱	1.00±0.00	0.98±0.12	0.97±0.17	0.874	0.418

四、关于不同职业居民实现共同利益现状的情况

对不同职业居民实现共同利益现状的情况进行统计，发现职工与非职工居民的参与改造意愿存在部分差异，公务员和非公务员居民的参与改造意愿差距不大。275 户本单位职工的居民同意率要低于全体居民的同意率。剔除掉本单位职工后，剩余 353 户公务员的居民同意率与 112 户非公务员的居民同意率较为接近，如表 8.8 所示。

表 8.8　老旧小区不同职业居民参与改造意愿比较

改 造 内 容	同意率 /%（职工）	同意率 /%（公务员）	同意率 /%（非公务员）
楼体外墙保温改造	93.99	97.47	96.49
楼体外门、窗改造	89.05	94.94	96.49
楼体外墙、楼道等公共区域清洗粉刷	95.41	98.60	98.25
增设门禁系统	95.05	98.03	98.25
楼内公共区域给排水、消防等管线改造	94.70	98.31	98.25
楼内照明系统改造	96.11	98.03	98.25

续表

改造内容	同意率 /%（职工）	同意率 /%（公务员）	同意率 /%（非公务员）
外墙雨水管改造	95.76	98.03	98.25
空调外机统一规整	93.99	97.47	96.49
完善无障碍设施	94.70	98.03	98.25
户内给排水、供热管线改造	86.93	92.70	93.86
电梯更新	94.35	97.75	98.25
排污等管网改造	95.76	97.47	97.37
更新安防、消防设施	95.41	98.31	98.25
小区市政设施改造	95.41	98.31	98.25
增设或改造非机动车的停放设施	95.76	97.75	98.25
规范垃圾分类收集	96.47	98.60	98.25
规范机动车停车	95.76	98.03	98.25
增设停车及电动汽车、自行车充电设施	94.70	97.47	98.25
配套附属用房改造	93.99	95.79	95.61
更新或补建信报箱	93.99	95.79	97.37

进一步对不同职业居民的参与改造意愿进行方差分析。

不同职业居民对楼体外墙保温改造等 20 项改造内容在参与改造意愿方面的 p 值均大于 0.05，表明在上述 20 项改造内容中，不同职业居民参与改造的意愿未表现出显著差异，如表 8.9 所示。基于上述现象我们认为，居民参与改造的意愿与职业无明显关联。但在无组织动员的情况下，本单位职工往往更善于表达不同意见。因此如能对职工进行组织动员，可能会对居民实现共同利益产生正面影响。

表 8.9　老旧小区不同职业居民参与改造意愿均值比较

改造内容	职业（平均值 ± 标准差）			F 值	p 值
	职工	公务员	非公务员		
楼体外墙保温改造	0.98±0.15	0.99±0.12	0.98±0.13	0.272	0.762
楼体外门、窗改造	0.94±0.24	0.96±0.20	0.98±0.13	2.111	0.122
楼体外墙、楼道等公共区域清洗粉刷	0.99±0.09	0.99±0.08	1.00±0.00	0.400	0.671
增设门禁系统	0.99±0.10	0.99±0.09	1.00±0.00	0.601	0.549
楼内公共区域给排水消防管线改造	0.99±0.12	0.99±0.09	1.00±0.00	0.946	0.389
楼内照明系统改造	1.00±0.06	0.99±0.09	1.00±0.00	0.695	0.499
外墙雨水管改造	0.99±0.09	0.99±0.11	1.00±0.00	0.693	0.501

续表

改造内容	职业（平均值 ± 标准差）			F 值	p 值
	职工	公务员	非公务员		
空调外机统一规整	0.98±0.15	0.99±0.12	0.98±0.13	0.272	0.762
完善无障碍设施	0.99±0.10	0.99±0.11	1.00±0.00	0.633	0.531
户内给排水、供热管线改造	0.91±0.29	0.94±0.24	0.96±0.21	1.876	0.154
电梯更新	0.99±0.12	0.99±0.09	1.00±0.00	0.947	0.388
排污等管网改造	0.99±0.10	0.99±0.12	1.00±0.00	0.792	0.454
更新安防、消防设施	0.99±0.09	0.99±0.09	1.00±0.00	0.465	0.629
小区市政设施改造	1.00±0.06	0.99±0.09	1.00±0.00	0.687	0.503
增设或改造非机动车的停放设施	0.99±0.09	0.99±0.12	1.00±0.00	1.014	0.363
规范垃圾分类收集	1.00±0.00	0.99±0.08	1.00±0.00	1.092	0.336
规范机动车停车	0.99±0.09	0.99±0.08	1.00±0.00	0.397	0.672
增设停车及电动汽车、自行车充电设施	0.99±0.10	0.98±0.13	1.00±0.00	1.039	0.354
配套附属用房改造	0.99±0.12	0.98±0.13	0.99±0.10	0.189	0.828
更新或补建信报箱	0.98±0.13	0.98±0.15	0.99±0.09	0.447	0.640

五、关于不同空闲时间居民实现共同利益现状的情况

为避免扰民，老旧小区施工多选择白天时段。由于入户改造需要居民在家照看，推测工作日空闲时间可能对居民同意率产生影响。因此，对工作日不同空闲时间居民实现共同利益现状的情况进行统计，发现工作日有空闲时间与无空闲时间的居民参与改造意愿存在部分差异。145 户工作日有空闲时间居民的同意率普遍高于全体居民的同意率。595 户工作日无空闲时间居民的同意率略低于全体居民的同意率，如表 8.10 所示。

表 8.10　老旧小区不同空闲时间居民参与改造意愿比较

改造内容	同意率 /%（汇总）	同意率 /%（有空闲时间）	同意率 /%（无空闲时间）
楼体外墙保温改造	96.02	99.31	95.23
楼体外门、窗改造	92.96	95.86	92.27
楼体外墙、楼道等公共区域清洗粉刷	97.34	99.31	96.88
增设门禁系统	96.95	99.31	96.38
楼内公共区域给排水、消防等管线改造	96.95	100.00	96.22
楼内照明系统改造	97.34	100.00	96.71
外墙雨水管改造	97.21	100.00	96.55

续表

改造内容	同意率 /%（汇总）	同意率 /%（有空闲时间）	同意率 /%（无空闲时间）
空调外机统一规整	96.02	97.93	95.56
完善无障碍设施	96.81	99.31	96.22
户内给排水、供热管线改造	90.70	94.48	89.80
电梯更新	96.55	99.31	95.89
排污等管网改造	96.81	100.00	96.05
更新安防、消防设施	97.21	100.00	96.55
小区市政设施改造	97.21	100.00	96.55
增设或改造非机动车的停放设施	97.08	100.00	96.38
规范垃圾分类收集	97.74	100.00	97.20
规范机动车停车	97.21	100.00	96.55
增设停车及电动汽车、自行车充电设施	96.55	99.31	95.89
配套附属用房改造	95.09	97.93	94.41
更新或补建信报箱	95.35	98.62	94.57

进一步对不同空闲时间居民的参与改造意愿进行方差分析。

不同空闲时间居民对楼体外墙保温改造等 20 项改造内容在参与改造意愿方面的 p 值均大于 0.05，这表明在上述 20 项改造内容中，不同空闲时间居民参与改造的意愿未表现出显著差异，如表 8.11 所示。基于上述现象可知，居民参与改造的意愿与工作日是否有空闲时间无明显关联，但工作日空闲时间较多的居民，同意率普遍更高。因此，如能缩短入户改造时间，减少改造对居民生活的影响，可能会对居民实现共同利益产生正面影响。

表 8.11　老旧小区不同空闲时间居民参与改造意愿均值比较

改造内容	空闲时间（平均值 ± 标准差）		F 值	p 值
	无	有		
楼体外墙保温改造	0.98±0.14	0.99±0.08	1.205	0.273
楼体外门、窗改造	0.95±0.21	0.96±0.20	0.056	0.814
楼体外墙、楼道等公共区域清洗粉刷	0.99±0.08	1.00±0.00	0.975	0.324
增设门禁系统	0.99±0.09	0.99±0.08	0.035	0.851
楼内公共区域给排水、消防等管线改造	0.99±0.11	1.00±0.00	1.730	0.189
楼内照明系统改造	0.99±0.08	1.00±0.00	0.984	0.322
外墙雨水管改造	0.99±0.10	1.00±0.00	1.478	0.224
空调外机统一规整	0.98±0.13	0.98±0.14	0.095	0.758

续表

改造内容	空闲时间（平均值 ± 标准差）		F值	p值
	无	有		
完善无障碍设施	0.99±0.11	1.00±0.00	1.718	0.190
楼内公共区域给排水、消防等管线改造	0.99±0.11	1.00±0.00	1.730	0.189
楼内照明系统改造	0.99±0.08	1.00±0.00	0.984	0.322
外墙雨水管改造	0.99±0.10	1.00±0.00	1.478	0.224
空调外机统一规整	0.98±0.13	0.98±0.14	0.095	0.758
完善无障碍设施	0.99±0.11	1.00±0.00	1.718	0.190
户内给排水、供热管线改造	0.92±0.27	0.96±0.20	2.081	0.150
电梯更新	0.99±0.11	1.00±0.00	1.724	0.190
排污等管网改造	0.99±0.12	1.00±0.00	1.981	0.160
更新安防、消防设施	0.99±0.09	1.00±0.00	1.232	0.267
小区市政设施改造	0.99±0.08	1.00±0.00	0.985	0.321
增设或改造非机动车的停放设施	0.99±0.11	1.00±0.00	1.727	0.189
规范垃圾分类收集	1.00±0.06	1.00±0.00	0.489	0.484
规范机动车停车	0.99±0.08	1.00±0.00	0.985	0.321
增设停车及电动汽车、自行车充电设施	0.98±0.12	1.00±0.00	2.217	0.137
配套附属用房改造	0.98±0.14	1.00±0.00	2.714	0.100
更新或补建信报箱	0.98±0.15	0.99±0.08	1.417	0.234

六、关于不同调查方式下居民实现共同利益现状的情况比较

通过自填问卷和电话调查反馈意见的两种方式，来进行居民实现共同利益现状的情况调查，发现自填问卷和电话调查居民的参与改造意愿存在部分差异。92户自填问卷人员的居民同意率要明显低于全体居民的同意率。648户接受电话调查人员的居民同意率要高于全体居民的同意率，如表8.12所示。

表 8.12　不同调查方式老旧小区居民参与改造意愿比较

改造内容	同意率/%（汇总）	同意率/%（自填问卷）	同意率/%（电话调查）
楼体外墙保温改造	96.02	90.43	96.81
楼体外门、窗改造	92.96	78.72	94.99
楼体外墙、楼道等公共区域清洗粉刷	97.34	93.62	97.88
增设门禁系统	96.95	91.49	97.72

续表

改造内容	同意率 /%（汇总）	同意率 /%（自填问卷）	同意率 /%（电话调查）
楼内公共区域给排水、消防等管线改造	96.95	93.62	97.42
楼内照明系统改造	97.34	93.62	97.88
外墙雨水管改造	97.21	93.62	97.72
空调外机统一规整	96.02	87.23	97.27
完善无障碍设施	96.81	90.43	97.72
户内给排水、供热管线改造	90.70	67.02	94.08
电梯更新	96.55	90.43	97.42
排污等管网改造	96.81	90.43	97.72
更新安防、消防设施	97.21	92.55	97.88
小区市政设施改造	97.21	92.55	97.88
增设或改造非机动车的停放设施	97.08	92.55	97.72
规范垃圾分类收集	97.74	96.81	97.88
规范机动车停车	97.21	94.68	97.57
增设停车及电动汽车、自行车充电设施	96.55	90.43	97.42
配套附属用房改造	95.09	84.04	96.66
更新或补建信报箱	93.99	86.17	96.66

进一步对接受不同调查方式居民的参与改造意愿进行方差分析。

接受不同调查方式的居民参与改造的意愿呈现出显著差异。接受不同调查方式的居民对楼体外墙保温改造，楼体外门、窗改造，楼体外墙、楼道等公共区域清洗粉刷，楼内公共区域给排水、消防等管线改造，增设门禁系统，楼内照明系统改造，外墙雨水管改造，空调外机统一规整，完善无障碍设施，户内给排水、供热管线改造，增设停车设施及电动汽车、自行车充电设施，电梯更新，排污等管网改造，完善安防、消防设施设备，小区市政设施改造，增设或改造非机动车的停放设施，更新或补建信报箱等 17 项改造内容在参与改造意愿方面的 p 值小于 0.05。对于规范垃圾分类收集、规范机动车停车和配套附属用房改造等 3 项改造内容在参与改造意愿方面的 p 值大于 0.05，未表现出显著差异，如表 8.13 所示。基于上述现象可知，居民参与改造的意愿与接受调查方式存在一定关联。自填问卷由于缺乏工作人员对老旧小区改造的政策宣传与解释，居民对于改造政策的困惑或顾虑无法及时得到解答而缺乏信任；电话调查由于通话时居民可以与工作人员进行沟通，意见建议和问题诉求可以及时得到回应和解答，更容易建立信任和取得支持。因此，如能加强与居民的对话交流，增强政策和效果宣传，可能会对居民实现共同利益产生正面影响。

表 8.13　不同调查方式老旧小区居民参与改造意愿均值比较

改造内容	调查方式（平均值 ± 标准差）		*F* 值	*p* 值
	电话调查	自填问卷		
楼体外墙保温改造	0.99±0.11	0.94±0.23	8.561	0.004
楼体外门、窗改造	0.97±0.16	0.83±0.38	37.698	0.000
楼体外墙、楼道等公共区域清洗粉刷	1.00±0.06	0.98±0.15	5.382	0.021
增设门禁系统	1.00±0.06	0.96±0.21	17.045	0.000
楼内公共区域给排水、消防等管线改造	0.99±0.08	0.97±0.18	6.112	0.014
楼内照明系统改造	1.00±0.06	0.98±0.15	5.382	0.021
外墙雨水管改造	1.00±0.06	0.96±0.21	16.608	0.000
空调外机统一规整	0.99±0.10	0.92±0.27	22.302	0.000
完善无障碍设施	1.00±0.06	0.94±0.23	23.759	0.000
户内给排水、供热管线改造	0.96±0.19	0.71±0.46	86.609	0.000
电梯更新	1.00±0.06	0.94±0.23	23.677	0.000
排污等管网改造	0.99±0.08	0.96±0.21	11.091	0.001
更新安防、消防设施	1.00±0.06	0.97±0.18	10.853	0.001
小区市政设施改造	1.00±0.06	0.98±0.15	5.462	0.020
增设或改造非机动车的停放设施	1.00±0.07	0.96±0.21	13.329	0.000
规范垃圾分类收集	1.00±0.06	1.00±0.00	0.281	0.596
规范机动车停车	1.00±0.07	0.99±0.11	0.610	0.435
增设停车及电动汽车、自行车充电设施	0.99±0.09	0.96±0.21	9.057	0.003
配套附属用房改造	0.99±0.11	0.96±0.19	2.858	0.091
更新或补建信报箱	0.99±0.11	0.93±0.25	13.275	0.000

第四节　促进居民实现共同利益情况调查

一、项目居民意见情况

1. 项目居民意见调查次数分布情况

在本次调查的 44 个项目中，开展 2 轮及以上居民意见调查后，同意率方达到申报初步设计和投资概算标准的项目有 33 个，所占比例高达 75%。仅有 11 个占比例 25% 的项目在初次居民意见调查时，同意率满足申报初步设计和投资概算的要求，如图 8.2 所示。

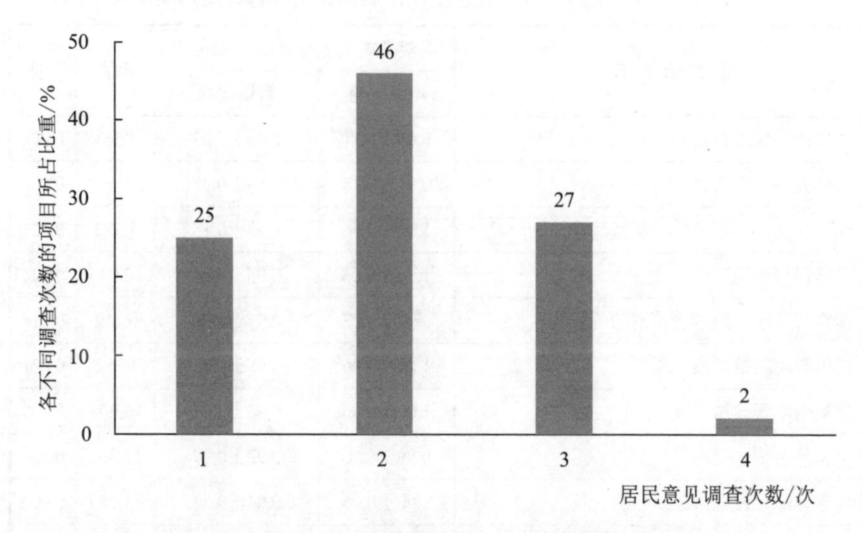

图 8.2　居民意见调查次数分布情况

调查显示，多数项目在实施前需进行多轮居民意见调查。从项目组织实施角度来讲，多轮居民意见调查耗时费力，增加了改造成本，延长了改造周期。

2. 项目初始同意率分布情况

按照现行政策，居民同意率在 67%[①] 以上的项目可开展项目申报与立项，居民同意率在 85% 以上的项目可申报初步设计和投资概算。在本次调查的 44 个项目中，初始同意率在 67% 以下的项目有 15 个，所占比例为 34.1%；初始同意率在 67% ～ 85% 的项目有 18 个，所占比例为 40.9%；初始同意率在 85% 以上的项目有 11 个，占比为 25.0%，如图 8.3 所示。

调查显示，多数项目的初始同意率满足项目申报与立项的要求，但满足申报初步设计和投资概算同意率标准的项目仍为少数。

3. 项目初始调查方式选择情况

在接受调查的 44 个项目中，有 31 个项目以入户访谈[②] 的方式开展

① 为保持数据格式统一，同意率 2/3 记为 67%，准确数值仍为 2/3。

② 入户访谈是指调查人员进入居民家中走访，通过面对面访谈的方式开展调查。

居民意见初始调查，所占比例为 70.5%。有 11 个项目以发放纸质问卷的方式开展初始调查。另有 2 个项目通过网络问卷开展初始调查，如图 8.4 所示。

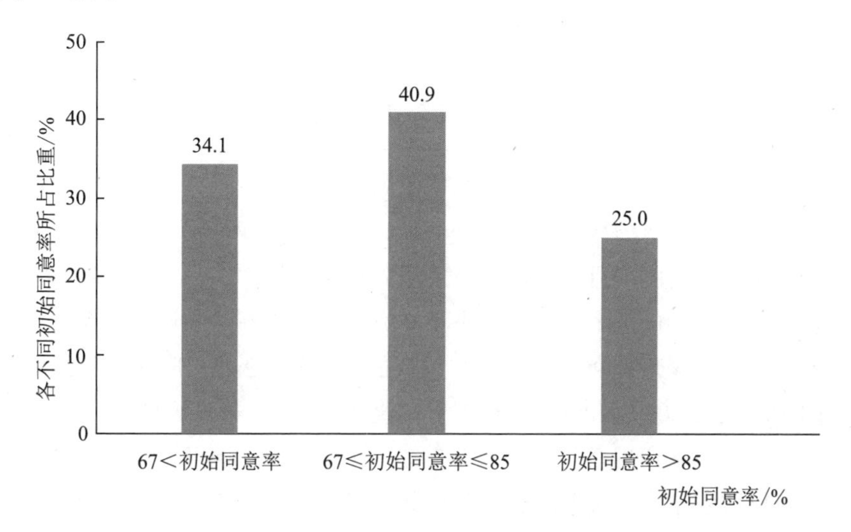

图 8.3　初始同意率分布情况

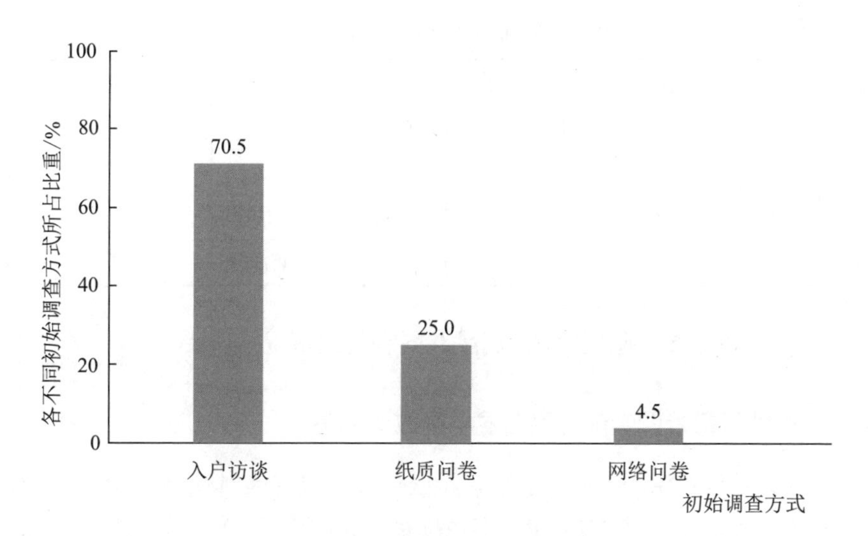

图 8.4　初始调查方式选择情况

在采取入户访谈的方式开展初始调查的 31 个项目中，有 28 个项目的初始同意率超过 67%，11 个项目的初始同意率超过 85%。相比之下，在采取纸质问卷和网络问卷开展初始调查的 13 个项目中，仅有 1 个项目的初始同意率超过 67%，如表 8.14 所示。

表 8.14　不同初始调查方式的初始同意率比较

初始调查方式	初始同意率		
	<67%	≥ 67% 且 <85%	≥ 85%
入户访谈	3	17	11
纸质问卷	10	1	0
网络问卷	2	0	0

进一步对不同初始调查方式的初始同意率进行方差分析。初始同意率为“67% 以下”“67% ～ 85%”“85% 以上”，依次分别计 1、2、3 分。

一是现阶段的项目初始调查多采用入户访谈的方式。二是不同的初始调查方式的初始同意率的 p 值都小于 0.05，这表明不同的初始调查方式对于初始同意率呈现显著差异，入户访谈的平均值（2.26）明显高于纸质问卷的平均值（1.09）和网络问卷的平均值（1.00），如表 8.15 所示。这是因为与纸质问卷和网络问卷等调查方式相比，入户访谈可以与居民进行对话，可以对政策进行必要的解释与答疑，这可以使调查结果较为理想，使居民同意率较高。

表 8.15　不同初始调查方式的初始同意率均值比较

	调查方式	样本量	平均值	标准差	F 值	p 值
初始同意率	入户访谈	31	2.26	0.63	20.416	0.000
	纸质问卷	11	1.09	0.30		
	网络问卷	2	1.00	0.00		
	总计	44	1.91	0.77		

二、初始调查前促进实现居民共同利益的情况

1. 项目初始调查前居民自发申请改造的情况

建设单位在组织初始调查前，小区居民曾自发提出过的改造申请项目有 9 个，占比仅为 20.5%。绝大多数项目对居民来说，属于被动接受改造，如图 8.5 所示。

在初始调查前，小区居民曾自发提出过改造申请的 9 个项目中，有 6 个项目的初始同意率超过 85%，达到改造标准，占比高达 66.7%。在初始调查前小区居民未提出过改造申请的 35 个项目中，仅有 5 个项目的初始同意率超过 85%，占比低于 14.3%，如表 8.16 所示。

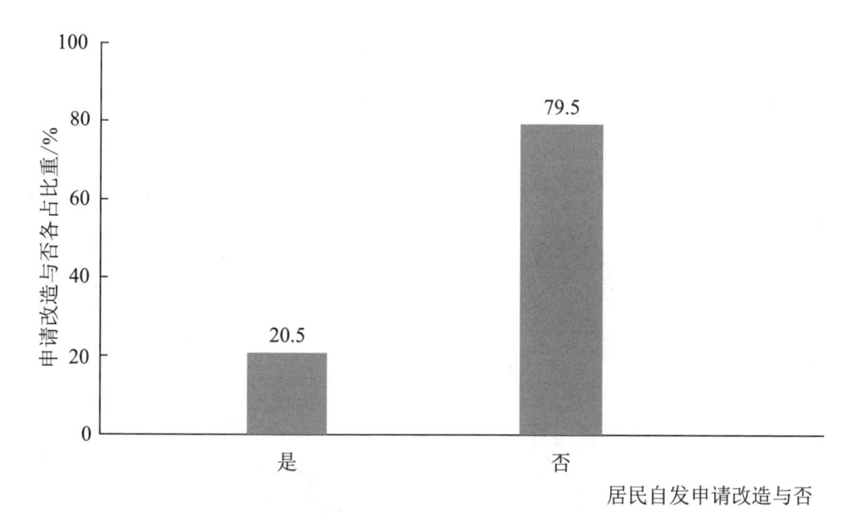

图 8.5　初始调查前居民自发申请改造情况

表 8.16　不同申请改造情况的初始同意率比较

初始调查前居民申请改造情况	初始同意率		
	<67%	≥ 67% 且 <85%	≥ 85%
申请	0	3	6
未申请	15	15	5

进一步对不同申请改造情况的初始同意率进行方差分析。

一是现阶段老旧小区居民自发申请改造的项目比例不高，改造项目多是自上而下式的任务下达。二是不同申请改造情况的初始同意率的 p 值均小于 0.05，这表明不同申请改造情况的初始同意率呈现出显著差异，初始调查前居民自发申请改造的平均值（2.67）明显高于未申请的平均值（1.71），如表 8.17 所示。这是因为居民自发申请改造的老旧小区多数现状较差，存在较为严重的影响正常居住生活的问题，亟须进行改造，前期具备就改造事项达成共识的民意基础。

表 8.17　不同申请改造情况的初始同意率均值比较

	申请情况	样本量	平均值	标准差	F 值	p 值
初始同意率	申请	9	2.67	0.50	14.247	0.000
	未申请	35	1.71	0.71		
	总计	44	1.91	0.77		

2. 项目初始调查前的宣传开展情况

在接受调查的 44 个项目中，有 35 个项目的建设单位在初始调查前，对居民开展了老旧小区改造政策和效果等内容的宣传工作，所占比例为79.5%，如图 8.6 所示。

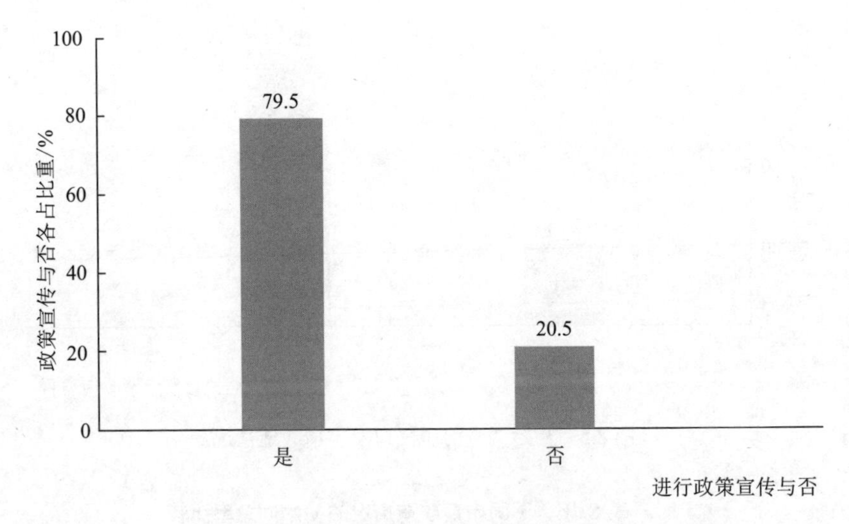

图 8.6　初始调查前进行政策效果宣传情况

在初始调查前开展了老旧小区改造政策和效果等内容宣传的 35 个项目中，有 27 个项目的初始同意率超过 67%，11 个项目的初始同意率超过 85%。相比之下，在初始调查前未开展老旧小区改造政策和效果等内容宣传的 9 个项目中，仅有 2 个项目的初始同意率超过 67%，如表 8.18 所示。

表 8.18　政策宣传情况下的初始同意率比较

初始调查前开展宣传情况	初始同意率		
	<67%	≥ 67% 且 <85%	≥ 85%
开展	8	16	11
未开展	7	2	0

进一步对不同宣传开展情况的初始同意率进行方差分析。

一是现阶段多数建设单位在项目初始调查前开展了老旧小区改造政策和效果等内容的宣传。二是不同宣传开展情况的初始同意率的 p 值均小于 0.05，这表明不同宣传开展情况对于初始同意率呈现出显著差异，初始调查前开展改造政策和效果宣传的平均值（2.09）明显高于未开展的平均值（1.22），如表 8.19 所示。这是因为开展宣传可以让居民更好地了解老旧小区改造的政策和效果，增强居民参与改造可感知的个人利益收益，同时了解到拒绝改造将带来的利益损失。

表 8.19　政策宣传情况下的初始同意率均值比较

	开展情况	样本量	平均值	标准差	F 值	p 值
初始同意率	开展	35	2.09	0.74	11.045	0.002
	未开展	9	1.22	0.44		
	总计	44	1.91	0.77		

3. 项目初始调查前借助组织力量的动员情况

在接受调查的 44 个项目中，有 3 个项目的建设单位在初始调查前，通过单位、党组织、自管委、居委会或老干部局等组织对居民进行了动员，所占比例为 6.8%，如图 8.7 所示。

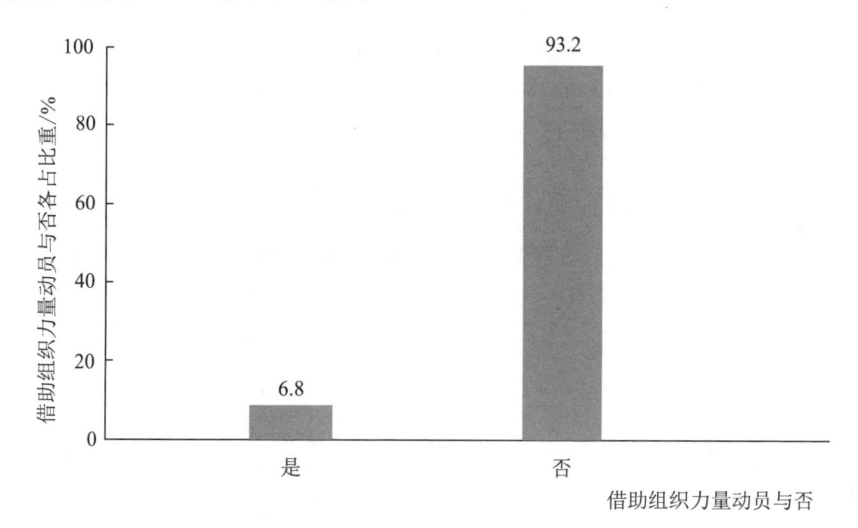

图 8.7　初始调查前借助组织力量动员情况

在初始调查前借助组织力量进行动员的 3 个项目中，初始同意率均超过 85%。相比之下，在初始调查前未借助组织力量进行动员的 41 个项目中，有 8 个项目的初始同意率超过 85%，如表 8.20 所示。

表 8.20　组织动员情况下的初始同意率比较

初始调查前借助组织力量动员情况	初始同意率		
	<67%	≥ 67% 且 <85%	≥ 85%
动员	0	0	3
未动员	15	18	8

进一步对不同组织动员情况的初始同意率进行方差分析。

一是现阶段绝大多数建设单位未在项目初始调查前借助组织力量进行

动员。二是不同组织动员情况对于初始同意率的 p 值均小于 0.05，这表明不同组织动员情况对于初始同意率呈现出显著差异，初始调查前借助组织力量进行动员的平均值（3.00）明显高于未动员的平均值（1.83），如表 8.21 所示。这是因为开展组织动员可以联系并影响更多的居民，增强组织力，将原本松散的居民通过不同的组织凝聚在一起，并给随意表达不合理意愿的居民施加一定压力，作为反向选择性激励促进实现共同利益。

表 8.21　组织动员情况下的初始同意率均值比较

	动员情况	样本量	平均值	标准差	F 值	p 值
初始同意率	动员	3	3.00	0.00	7.38	0.010
	未动员	41	1.83	0.74		
	总计	44	1.91	0.77		

4. 项目初始调查前引入居民参与的情况

在接受调查的 44 个项目中，有 9 个项目的建设单位在初始调查前，项目立项、方案设计、材料选择等方面引入了居民参与，所占比例为 20.5%，如图 8.8 所示。

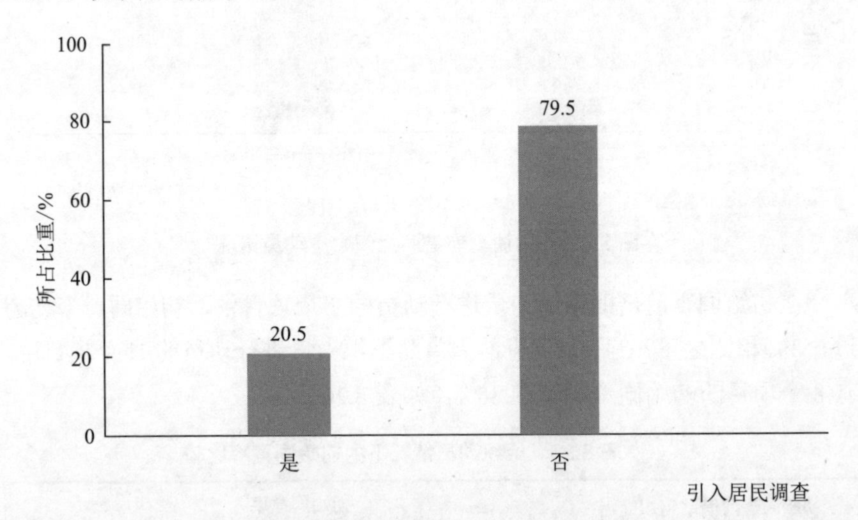

图 8.8　初始调查前引入居民参与情况

在初始调查前引入居民参与的 9 个项目中初始同意率均超过 85%。相比之下，在初始调查前未引入居民参与的 35 个项目中，仅有 2 个项目的初始同意率超过 85%，如表 8.22 所示。

表 8.22　居民参与情况下的初始同意率比较

初始调查前引入居民参与情况	初始同意率		
	<67%	≥ 67% 且 <85%	≥ 85%
是	0	0	9
否	15	18	2

进一步对不同居民参与情况的初始同意率进行方差分析。

一是现阶段多数建设单位未在项目初始调查前的项目立项、方案设计、材料选择等方面引入居民参与。二是不同居民参与情况对于初始同意率的 p 值均小于 0.05，这表明不同居民参与情况对于初始同意率呈现出显著差异，初始调查前引入居民参与的平均值（3.00）明显高于未动员的平均值（1.63），如表 8.23 所示。这是因为引入居民参与，可以增强居民的参与感、获得感，及时合理地解决居民在改造过程中遇到的问题，从而增加居民的个体利益。

表 8.23　居民参与情况下的初始同意率均值比较

	参与情况	样本量	平均值	标准差	F 值	p 值
初始同意率	参与	9	3.00	0.00	46.464	0.000
	未参与	35	1.63	0.60		
	总计	44	1.91	0.77		

5. 问卷的信度检验

采用克朗巴哈 α 系数测量信度。α 系数一般在 0 ～ 1 之间，数值越高，信度越好。

初始同意率按照项目申请立项同意率 67% 和申报初步设计及投资概算同意率 85% 进行区分。同意率在 67% 以下，赋值为 1；同意率在 67% ～ 85%，赋值为 2；同意率在 85% 及以上，赋值为 3。

初始调查前的申请情况直接分为申请和未申请两种。申请赋值为 1，未申请赋值为 0。

初始调查前的开展宣传情况直接分为开展和未开展两种。开展赋值为 1，未开展赋值为 0。

初始调查前的借助组织力量动员情况直接分为动员和未动员两种。动员赋值为 1，未动员赋值为 0。

初始调查前的引入居民参与情况直接分为引入和未引入两种。引入赋值为 1，未引入赋值为 0。

问卷 2 中初始调查的克朗巴哈 α 系数值为 0.765，如表 8.24 所示。因克朗巴哈 α 系数值大于 0.7，所以，该数据信度质量较好，可靠性较强。

表 8.24　初始调查信度检验

名　　称	已删除的 α 系数	克朗巴哈 α 系数
初始同意率	0.695	0.765
初始调查前申请情况	0.707	
初始调查前开展宣传情况	0.766	
初始调查前借助组织力量动员情况	0.754	
初始调查前引入居民参与情况	0.663	

三、项目管理者对促进居民共同利益实现途径效果的认知情况

本问卷采用李克特量表五点计分法，根据最初设定，计分标准如下。

1 分：“非常差”，即该途径对促进居民实现共同利益没有效果，居民同意率无变化。

2 分：“比较差”，即该途径对促进居民实现共同利益略有效果，有新增零星居民同意改造。

3 分：“一般”，即该途径对促进居民实现共同利益有一定效果，有新增部分居民同意改造。

4 分：“比较好”，即该途径对促进居民实现共同利益有较好效果，有大量新增居民同意改造。

5 分：“非常好”，即该途径对促进居民实现共同利益有非常显著的效果，可使绝大多数居民同意改造。

根据记分方法，对促进居民实现共同利益的途径效果作了一个分值区域上的界定。

≥1 且 <1.5 分，基本没有效果。

1.5 ～ 2.5 分，略有效果。

2.5 ～ 3.5 分，有一定效果。

3.5 ～ 4.5 分，有较好效果。

4.5 分以上，有非常显著的效果。

项目管理人员对促进居民实现共同利益的 3 种途径效果认知情况的得分平均值和标准差等统计数据的统计结果见表 8.25。

表 8.25　不同途径得分的平均值、方差及相关数据统计表

途　　径	最 小 值	最 大 值	平 均 值	标 准 差
开展政策及效果宣传	2	5	3.45	0.76
借助组织力量动员	3	5	4.27	0.62
引入居民参与	3	5	4.32	0.52

调查显示，开展政策及效果宣传的平均值为3.45，处于“有一定效果”区间；借助组织力量动员的平均值为4.27，处于“有较好效果”区间；引入居民参与的平均值为4.32，处于“有较好效果”区间。

总的来说，引入居民参与和借助组织力量动员在促进居民实现共同利益方面效果较好，引入居民参与的效果略胜一筹；开展政策及效果宣传在促进居民实现共同利益方面有一定效果。

四、促进实现居民共同利益的措施效果情况

1. 关于采取促进实现共同利益措施前的情况

化工大院改造项目由5栋建筑组成，总建筑面积24 430平方米，共有居民220户。改造内容包括：建筑节能综合改造，供暖、燃气和消防系统更新改造，供电和安防系统更新改造，院区环境综合整治等工作。该项目于2014年11月开展老旧小区改造居民同意率入户调查。在220户居民中，有106户居民接受调查并回收到有效数据。

调查显示，虽然2014年11月接受调查的106户居民中的绝大多数同意改造内容，但是由于接受本次调查的居民数少于总户数的1/2，因此，居民同意率尚未达到申报立项的最低标准（2/3），项目无法继续推进，需要重新开展居民意见调查，如表8.26所示。

表8.26　采取促进实现共同利益措施前居民参与改造意愿

改造内容	同意数/户	同意率/%（占受调查户数）	同意率/%（占总户数）
屋面做保温及防水	105	99.06	47.73
楼体外墙做保温	105	99.06	47.73
更换避雷设施	106	100.00	48.18
楼外增设信报箱	104	98.11	47.27
更新监控系统	102	96.23	46.36
东门及南门更换车辆出入管理系统	99	93.40	45.00
修复景观用水系统	99	93.40	45.00
更换围墙铁艺护栏	95	89.62	43.18
公共草坪处增设不锈钢晾衣竿	97	91.51	44.09
绿化补植	102	96.23	46.36
更换单元防盗门	105	99.06	47.73
更换公共区域门窗	100	94.34	45.45
粉刷公共区域墙体	100	94.34	45.45

续表

改造内容	同意数 / 户	同意率 /%（占受调查户数）	同意率 /%（占总户数）
更换公共区域采暖管道及散热器	100	94.34	45.45
更换公共区域上下水管	99	93.40	45.00
更换单元竖向断路器和电缆、整理强弱电线	100	94.34	45.45
改造公共区域照明及开关	101	95.28	45.91
更新楼梯扶手	101	95.28	45.91
对破损的地面进行修补	105	99.06	47.73
更换节能外窗	96	90.57	43.64
改造弱电可视对讲系统	101	95.28	45.91
更换入户散热器	99	93.40	45.00
更换户内供暖管道	98	92.45	44.55
安装供热计量装置	99	93.40	45.00
更换上下水管线	102	96.23	46.36
原水表改为磁卡表	96	90.57	43.64
更换入户户箱的电力进线	101	95.28	45.91

通过对改造项目的管理人员进行访谈，了解到未进行调查的住户主要分为两类。一是无法取得联系，家中无人且登记的联系方式已失效。二是拒绝接受入户调查，这些居民或是因不了解改造、不信任调查人员的身份不愿开门，或是因不愿改造而拒绝接受调查。由于多数拒绝接受调查的居民对老旧小区改造存观望情绪，所以一时不愿表态。一方面是对改造存在顾虑，怕拆改带来不便，不愿因此影响生活；另一方面是在权衡改造的利弊，希望能从中获益。

居民对于改造的顾虑主要有以下几点：一是对老旧小区改造政策和效果不了解，希望先观察一段时间，看看其他居民的态度和改造情况；二是顾虑老旧小区改造期间给生活带来的不便，如上下水改造期间无法使用厨卫等；三是担心入户改造对现有的室内装修造成破坏，难以完全恢复；四是对老旧小区改造的必要性和重要性认识不足，认为没有改造的必要；五是错把老旧小区改造当作拆迁，提出不合理的高额补偿诉求。

2. 关于采取促进实现共同利益措施后的情况

针对居民无法实现共同利益的问题及原因，项目管理人员有针对性地采取了下列工作措施：一是召开居民座谈会，向居民宣讲老旧小区改造的相关政策；二是通过社区宣传栏、宣传海报等方式展示老旧小区改造后的效果；三是借助居委会的力量，共同对居民进行上门走访，组织动员；四是通过召开业主大会等方式与居民就改造方案、改造材料等内容进行沟通，征求居民意见；五是对更换户内给排水、供热管线等可以细分改造单元的项目，采取缩小施工范围的措施，以楼门为单位实施改造。

2015 年 4 月，建设单位再次对该项目开展居民同意率入户调查。在 220 户居民中，有 198 户居民接受调查并回收到有效数据，有效率为 100%。调查结果显示，各项改造内容的居民同意率均超过 85%，如表 8.27 所示，满足申报初步设计和投资概算的要求，项目得以顺利推进。

表 8.27 采取促进实现共同利益措施后居民参与改造意愿

改造内容	同意数 / 户	同意率 /%（占受调查户数）	同意率 /%（占总户数）
屋面做保温及防水	194	97.98	88.18
楼体外墙做保温	195	98.48	88.64
更换避雷设施	195	98.48	88.64
楼外增设信报箱	194	97.98	88.18
更新监控系统	195	98.48	88.64
东门及南门更换车辆出入管理系统	194	97.98	88.18
修复景观用水系统	190	95.96	86.36
更换围墙铁艺护栏	187	94.44	85.00
公共草坪处增设不锈钢晾衣竿	189	95.45	85.91
绿化补植	194	97.98	88.18
更换单元防盗门	195	98.48	88.64
更换公共区域门窗	195	98.48	88.64
粉刷公共区域墙体	194	97.98	88.18
更换公共区域采暖管道及散热器	194	97.98	88.18
更换公共区域上下水管	194	97.98	88.18
更换单元竖向断路器和电缆、整理强弱电线	193	97.47	87.73
改造公共区域照明及开关	195	98.48	88.64
更新楼梯扶手	192	96.97	87.27
对破损的地面进行修补	195	98.48	88.64
更换节能外窗	190	95.96	86.36
改造弱电可视对讲系统	193	97.47	87.73
更换入户散热器	190	95.96	86.36
更换户内供暖管道	192	96.97	87.27
安装供热计量装置	189	95.45	85.91
更换上下水管线	192	96.97	87.27
原水表改为磁卡表	187	94.44	85.00
更换入户户箱的电力进线	192	96.97	87.27

基于上述采取促进实现共同利益措施的前后对比，所采取的工作措施包括如下内容。

（1）召开居民座谈会向居民宣讲老旧小区改造相关政策。通过社区宣传栏、宣传海报等方式展示老旧小区改造后的效果。

（2）借助居委会的力量共同对居民进行上门走访，组织动员。通过召开业主大会等方式与居民就改造方案、改造材料等内容进行沟通，征求居民意见。

（3）细分改造单元、缩小施工范围等，在促进居民实现共同利益方面起到促进作用。

第九章　城市更新中的政企合作与企业力量

城市更新，特别是加快改造城镇老旧小区，是重大的民生工程和发展工程，但面临着资金来源单一等问题。当前，多数老旧小区改造资金主要依靠财政拨款，在居民呼声最大的配套设施方面缺乏改造力度，物业所属企业往往缺乏主动改造的动力。2019 年 6 月 19 日，国务院总理李克强主持召开国务院常务会议，部署推进城镇老旧小区改造，顺应群众期盼，改善居住条件。会议确定，要创新投融资机制，将对城镇老旧小区改造安排中央补助资金。鼓励金融机构和地方积极探索，以可持续方式加大金融对老旧小区改造的支持。运用市场化方式吸引社会力量参与①。

第一节　Z 企业城市更新案例调查

一、上海市重固镇城市更新项目

1. 项目背景

2013 年，党的十八届三中全会提出深化推进新型城镇化战略的新要求：完善城镇化健康发展体制机制，坚持走中国特色新型城镇化道路②；2014 年发布的《国家新型城镇化规划（2014—2020 年）》对“十三五”期间我国新型城镇化建设进行了全面规划部署，掀起了新型城镇化建设的浪潮。目前，我国建制镇达到两万多个。经初步调查，具备新型城镇化综合开发条件的超过 1 000 个（仅列入《第三批国家新型城镇化综合试点项目地区》的三批已有 248 个）。如此巨大的市场容量，为 Z 企业这样具有全产业链、品牌、资本、资源优势的大型投资建设企业参与全区域、全过程的新型城镇化建设打通了政策通道，提供了战略机遇。

国家相关部委出台了一系列推动政府和企业合作的有关文件，逐步明确了推进政府和社会资本合作模式有序发展的总体方向。其中主要包括

① http://www.xinhuanet.com/politics/2021-04/21/c_1127358383.htm

② http://www.xinhuanet.com//politics/2013-11/12/c_118113455.htm

国务院出台的《国务院关于创新重点领域投融资机制鼓励社会投资的指导意见》（国发〔2014〕60号）、国家发展和改革委员会出台的《国家发展改革委关于开展政府和社会资本合作的指导意见》（发改投资〔2014〕2724号），以及财政部出台的《财政部关于推广运用政府和社会资本合作模式有关问题的通知》（财金〔2014〕76号）等。

Z企业积极响应国家战略，秉承国家新型城镇化理念与原则，以政企合作的项目公司为实施主体，集文化找魂、产业造血、工程建设于一体，通过全行政区域联动开发及运营服务，提升城市价值，改善民生福祉。上海市青浦区重固镇为了充分发挥本镇的区位优势，抓住大虹桥开发和新型城镇化的历史机遇，在实践中充分发挥PPP在政府投资项目领域的积极作用。Z企业与青浦区政府在重固镇新型城镇化项目中力求实现全区域、全过程合作，实现一、二、三级合作全覆盖。一级开发以PPP模式锁定全区域范围内的公益性项目，包括土地整理、九通一平等。二级开发包括商业配套、地产开发、保障房建设、休闲农业开发、文化旅游开发等。三级运营包括商业、产业等运营服务。

2. 项目概况

重固镇新型城镇化项目是上海首个大型区域综合开发PPP市、区双试点项目，郊区城乡一体化问题的市重点项目，标志着上海政企合作模式及Z企业在沪投资业务取得实质性突破。项目实施目标是国家新型城镇化综合示范区、江南新水乡建设范本、上海城乡一体化示范窗口。本项目已入选国家发改委PPP项目库、第三批国家新型城镇化综合试点地区、国家重大市政工程领域PPP创新重点城市名单。

（1）项目生成。

2013年9月，Z企业与青浦区人民政府和国家开发银行签订了投资发展建设战略合作框架协议。2014年12月，Z企业联合体向政府汇报初步规划设计方案，双方就以PPP模式开展新型城镇化建设达成共识。2015年10月，Z企业董常会通过本项目的可行性研究报告。2015年12月，政府启动项目公开招标，Z企业响应并与政府就项目合作的核心商务条件密集磋商。同月，重固镇新型城镇化综合开发项目获得Z企业股份的实施批复文件。2015年12月31日，“上海市青浦区重固镇新型城镇化PPP项目”签约仪式标志着项目落地。

（2）合作模式。

项目唯一法定实施主体为Z企业联合体与青浦区、重固镇两级平台公司按照 7:2:1 的股权比例共同设立的特殊项目公司（SPV）。

项目采用“1+X”合作模式。“1”即项目整体采用 PPP 模式，项目公司作为唯一实施主体，授权策划规划、土地整理、基础设施建设、城镇更新、产业发展、新农村建设等服务。“X”指在现有和未来合作期限内，凡是政府认可的其他合规模式，如城中村土地一、二级联动，城市更新等项目合作模式，PPP+EPC（工程总承包）模式等均可适用于合作范围。

（3）合作范围。

全镇域 24 平方千米，包括田园板块、公园板块和城镇板块等三大板块。其中，田园板块合作目标是功能置换、延续肌理和减量增质。公园板块合作目标是指标单列、整体打造、文化再现。城镇板块包括城镇更新片区和产城融合片区，合作目标是一带两轴、产城融合。

3. 项目规划与总投资

该项目通过国际招标确定概念总规方案，德国 SBA 设计事务所为城市设计单位，委托同济规划院和上海规划设计研究院进行方案整合。项目经过多方统筹制定了 18 项专项规划，包括智慧城市（华鑫智城）、海绵城市（中规院）、低碳绿色（上规院）、综合交通（上规院）、章埝村概念设计（中国美院）、历史风貌保护（同济大学）等。

项目一期总投资约为 170 亿元。其中，近期静态投资预估约 119.5 亿元，含城中村改造投资 29.8 亿元、新型城镇化及其服务 89.7 亿元。已启动实施一批民生工程，包括市政配套、水系治理、景观提升、海绵城市、综合管廊、智慧小镇、居民安置、农贸市场、康养社区等项目。

4. 项目实施

项目涵盖乡野旅居片区、产城融合片区和城镇更新片区。其中，乡野旅居片区依托章埝村项目，围绕章埝村现代都市农业依托古镇升级开发，产城融合片区依托中国绿色产业总部集聚区，城镇更新片区依托城镇更新全面推进城中村改造工作。

（1）片区实施概况。

①乡野旅居片区：章埝村项目。

在千年章埝古村打造现代都市田园、古村文化街区、新农村示范区，建设美丽乡村，修复绿色生态，解决“三农”问题，破解城乡一体化难题。

打造现代都市田园和国家级现代都市农业示范基地。搭建物联网、云平台，实现农业生产智能化管理；结合休闲观光、科普教育等板块，创立“一、三”产业融合模式，促进当地农民转型为产业工人。

打造古村文化街区，成为上海青浦文化旅游新名片。打造延续我国传统文化和满足现代实用的商业街区，包括精品酒店、特色民宿、道教文化等业态，就地转化原住民身份，成为三产经营者，统一运营管理。

打造新农村示范区。建设新农村安置房，强化村域综合环境整治，提升基础设施与公共配套服务能级，打造新型农村生活服务圈。

建设美丽乡村。保存村庄格局，延续水系肌理，通过村域景观提升和水系生化修复，打造看得见绿水，留得住乡愁的美丽乡村新社区。

修复绿色生态。沿 S26 高速公路建设绿树花海林带，沿油墩港两侧建设湿地生态长廊，设置萤火虫基地、房车营地、浣溪花海、原野穿越体验区。

②产城融合片区：中国绿色产业总部集聚区项目。

打造中国绿色产业总部集聚区，顺应上海打造全球卓越城市、建设国家科创中心和青浦区推进绿色发展的战略，发挥我国建筑领域的全产业链、品牌、资本和资源优势。

在镇南产城融合片区打造环保、节能、智慧类总部经济集聚区。核心项目包括展览交易中心、金融科创中心、总部经济中心和配套服务中心。

园区建设以“整体规划、分步实施”为开发原则，分三期开发建设，总投入约 300 亿元，带动社会投资额 1 000 亿元，年税收 7.5 亿元以上。按规划，2017 年完成区域动拆、规划调整、土地出让工作，并搭建绿色产业平台体系；2018—2020 年，全面推进基础设施建设，通过龙头带动、政策引导、投资拉动，以及重点产业资源相继入驻，使集聚区产业生态初步形成；2020—2022 年，基础设施建设全部完成，四大中心运行良好，中国绿色产业总部集聚区基本实现。

③城镇更新片区：城镇更新项目。

已确定实施的项目包括基础设施、公建配套、城中村等三类共 28 个。其中，存量项目为公交枢纽、农贸市场、养护院、三条道路。市民中心、文体中心等 20 多个新增项目于 2017 年陆续开工，通过高标准规划，高水准建设，打造新型城镇生活服务圈。

（2）项目实施模式。

项目创新了政府和企业合作的 PPP 模式，由 Z 企业与区镇两级平台公司共同设立项目公司，由 Z 企业主导，以项目公司为法定唯一实施主体，以“1+X”模式推进项目全域新型城镇化建设。

在资源整合方面，政府主导、市场化运作，由 Z 企业统一整合策划、规划资本、产业等各类社会优质资源。在项目实施方面，策划规划、土地整理、公建配套、基础设施、产业发展、新农村建设等若干子项目，按照合同约定或通过一事一议的方式由 Z 企业实施运作。在增量共享方面，政企共享城市升值的成果。

①在土地方面，通过土地整理、环境提升、功能完善，使政企共享土地增值。

②在产业方面，通过导入优质产业，打造复合性产业新城，使政企共享发展成果。

（3）项目商业模式。

重固镇项目根据各子项目的性质不同，创新合作方式。非经营性项目采用政府购买服务模式，包括基础设施、公共设施等项目建设和策划咨询、规划设计等软课题。该课题通过政府设定的投资、成本认定机制，可为 Z 企业传统施工主业带来 10% ～ 15% 的利润。

经营性项目采用特许经营权模式。包括城中村土地商业开发和其他土地商业开发。Z 企业在土地出让价格上享受优惠政策，此外还可获得房地产二级开发收益和带动 10% ～ 15% 的施工利润。

准经营性项目采用特许经营权授予与缺口补偿相结合的模式。以章埝村古村升级和都市农业打造为例，政府按照客流量、就业人口等指标对项目公司进行考核，拉动约 4 500 万施工利润，后期经营收益政企按照 7:3 分成。

（4）项目总体实施步骤。

Z 企业同青浦区政府按照国家新型城镇化战略总体要求，共同制定了“十年周期、三年滚动、一年交付”的“3×3+1”的十年实施计划，明确了“一年出形象，三年大变化，年年有亮点”的近期发展节奏。该计划包括基础建设阶段（2016—2018 年）、巩固完善阶段（2019—2021 年）、全面提升阶段（2022—2024 年）、成熟交付阶段（2025 年）。

5. 政企合作风险分配基本框架

（1）动迁风险。

风险来源：企业搬迁谈判困难。 动迁安置房房源无法异地解决，只能占用可出让用地。

风险影响程度分析：如征地成本上升，则动迁费用上升。项目总资金难以平衡，区级财政需进行补贴，项目公司不受该风险影响。由于动迁安置与土地出让价格存在正相关关系，故该风险将通过土地出让价格的上升来平衡。

（2）资金风险 。

安排基金，解决大部分资金需求，以多种融资方式为补充，确保资金安全。

风险来源：根据贷款滚动分析，需要尽可能缩短出让金返还周期。土地出让节奏一旦变慢，贷款利息费用增加，影响区级资金平衡。城中村可建设经营性用地减少。

风险影响程度分析：如果土地返还周期拉长，地方政府和（或）项目公司资金回笼放缓，当年贷款余额上升。将以基金分红的方式或调节补差项目予以部分补偿。

（3）市场风险。

出让地块价格按照容积率计算。土地按照一定的年增长率测算。风险来源主要是土地市场出现巨大变化。如果由于商业办公用地供应量增加，出现竞争而导致二级市场价格下跌，那么风险影响程度主要考虑土地价格比预期的下降是否触及项目资金达到平衡点。如果商品房价格下跌，二级开发无利润，则风险主要由项目公司承担。

（4）政策风险。

按照区级留存全部用于新型城镇化测算资金平衡。土地出让仅城中村改造的部分地块采取定向出让的方式。

风险来源主要是土地出让市级计提发生了变化，发展备用地无法落实。风险影响程度主要在于市级计提上升，项目总资金达到了平衡点，如果无法实现发展备用地转性后出让，则将增加资金缺口。

通过比较各类风险的影响程度以及可选的应对措施，综合而言，项目合作的主要风险主要体现在土地市场出现巨大变化风险、发展备用地无法落实风险、动迁风险等方面。上述风险一旦出现，对于政府和社会资本来说，均会产生巨大影响，需要及时细化应对措施。

6. Z企业在城市更新中的主要发力点

（1）文化铸魂，以章埝村为突破口，打造城乡一体化示范。

①现代都市农业板块。由传统农业升级为以科技农业、休闲农业为主的现代都市农业，并将章埝打造成国家精品农业示范基地。

②古村落升级开发板块。提升村庄的基础设施和公共配套服务水平，改善生态环境，修缮和重建古宅庙堂，打造极具江南水乡韵味的特色商业街区。重点发展特色餐饮和精品民宿，如“舌尖上的中国”“莫干山民宿”等，吸引上海市区和大虹桥客流，使章埝成为虹桥会展经济的配套和上海文化旅游新名片。

（2）产业造血，建设Z企业绿色产业园，打造产城融合示范。

充分发挥Z企业的优势，按照国家对绿色产业和节能环保产业的战略要求，打造集绿色产业展示、推广交易、研发孵化、总部经济于一体的Z企业绿色产业园，全面推进产城融合。

①国际绿色产业展示体验中心。充分发挥和依托Z企业的全球市场覆盖和产品供应能力，协同住建部、上海市搭建“四新”技术推广平台，打造专业化、国家级绿色产业展示体验中心。

②绿色产业推广应用和交易中心。导入Z企业系统内的新兴业务，整合Z企业3 000家全球战略合作伙伴，共同发展建筑科技、新材料、智慧城市、水处理、新能源供应、固废处理、环保节能等产业，打造国际绿色建筑技术和产业进入我国应用推广第一站和重要的线上线下交易平台。

③Z企业绿色产业总部经济中心。汇集Z企业全产业链资源，设立区域绿色产业总部经济中心，为城市建设发展提供全领域、全过程、全要素的“投资—规划—建设—运用—服务”一体化集成解决方案，形成集展、销、产、研、应用等功能于一体的产业集群。

④绿色技术研发和产业孵化中心。设立引导基金和孵化基金，培育绿色产业，实现绿色技术产业化，打造国家级绿色技术产业孵化器。

⑤国际一流的产业功能配套。为导入园区的企业提供国际化的社区配套，商业配套和学校、医疗等服务配套。

（3）提升配套功能，打造新型城镇化建设窗口。

2017年完成动迁安置房建设工作，并使之成为上海动迁安置房的标志性项目；加快农贸市场、养护院、市政道路等项目建设；启动文体中心、九年一贯制中学、派出所、五条道路等公建及基础配套项目建设。实现可出让用地挂牌，获取优质开发用地，推进项目开发，树立重固镇高品质、低密度的宜居社区形象。

二、南京市鼓楼铁北旧城改造和产业发展项目

1. 项目背景

《国家新型城镇化规划（2014—2020年）》指出，我国城镇化是在人口多、资源相对短缺、生态环境比较脆弱、城乡区域发展不平衡的背景下推进的，这决定了我国必须从社会主义初级阶段这个最大实际出发，遵循城镇化发展规律，走中国特色新型城镇化道路。[①]《江苏省国民经济和社会发展第十三个五年规划纲要》提出实施新型城镇化和城乡发展一体化战略。结合江苏不同区域实际，推进以人为核心的新型城镇化，

① https://www.ndrc.gov.cn/xwdt/ztzl/xxczhjs/ghzc/201605/t20160505_971882.html

促进新型工业化、信息化、城镇化、农业现代化同步发展，推动城乡基本公共服务均等化全覆盖，加快形成城乡发展一体化新格局，着力提高新型城镇化和城乡发展一体化质量和水平。[①]南京市委书记在全市区域城市化工作会议上提出，要把握正确方向，突出南京特色，科学务实有序推进区域城市化。

鼓楼区位于南京主城的核心地区，是南京“山水城林”融为一体的、特色集中体现的城区，代表着南京的城市形象。《鼓楼区“十三五”科技发展规划纲要》指出，“十三五”期间是鼓楼在全市率先全面建成更高水平小康社会、开启基本现代化建设新征程的决胜期，两区合并后的空间重构、资源重组，为鼓楼区科技创新发展提供了优势独特的发展基础和发展氛围，鼓楼区亟待通过深入实施创新驱动发展战略，为全区经济发展方式转型升级、产业结构调整和区域协调发展提供强大的科技支撑。

鼓楼区铁北中央门片区是南京市政府区域城市化的重点片区，资源优势突出，待改造用地较多，区域路网亟待完善，公共配套缺乏，基础教育覆盖不足，产业发展初具规模。根据南京打造“四个城市”“五型经济”，实施“六大战略”，立足金陵船厂与幕府山绿色特色小镇产业发展带，秉持“以人为本”“产业转型更新”“城市品质提升”的三大理念，将科技创新、文化创意、缤纷商业等多元素融为一体，探索开拓“三生融合”的铁北中央门发展新模式，最终打造鼓楼科技文化新高地，为人们全新的生活和创业带来良好机遇。

财政部于 2014 年 9 月 23 日发布《财政部关于推广运用政府和社会资本合作模式有关问题的通知》（财金〔2014〕76 号），要求推广运用政府和社会资本合作模式（PPP），拓宽城镇化建设融资渠道，促进政府职能加快转变，完善财政投入及管理方式，尽快形成有利于促进政府和社会资本合作模式发展的制度体系[②]。《国务院关于加强地方政府性债务管理的意见》（国发〔2014〕43 号）也提出了加强地方政府性债务管理，鼓励社会资本通过特许经营等方式，参与城市基础设施等有一定收益的公益性事业投资和运营[③]。

鼓楼区政府响应国家号召，将南京市鼓楼区铁北片区城中村改造更新及产业发展项目以 PPP 模式运作，引入社会资本，促进政府职能转变，完善鼓楼区政府的财政投入及管理方式。

---

① http://www.jsrd.gov.cn/huizzl/qgrdh/20181301/sycy/201802/t20180227_491059.shtml

② http://www.gov.cn/zhengce/2016-05/25/content_5076557.htm

③ http://www.gov.cn/zhengce/content/2014-10/02/content_9111.htm

2. 政企合作内容

（1）城中村改造更新。

①城中村改造。城中村改造包括征地拆迁、场地平整等内容。拆迁安置前期工作由鼓楼区建设局（政府方）负责。城中村地块建筑拆除后，需对场地建筑垃圾进行清理外运，按照地块规划进行必要的给排水、供电线路改造，进行公共道路建设和绿化提升，同时，以较高的绿地率、合适的容积率创造布局合理、功能齐备、绿意盎然的保障房小区。

②保障房建设。项目公司承担保障房建设工作，项目建设完成后，项目公司负责将安置房通过委托安置方式交给居民，以获得安置收入支出，并承担运营维护工作。

③配套市政工程建设。配套市政工程建设，包括配套公共道路、环境提升及老旧小区出新等。项目公司承担道路建设工作，项目建设完成后，承担运营维护工作；环境提升，包含区域内整体绿化提升、破损绿化改造；老旧小区出新，包含区域内小区违建拆除、立面出新、雨污分流整治等内容，为老旧住宅小区居民提供环境整洁、配套齐全、安全有序的居住条件，项目公司承担建设及运营维护工作。

（2）产业发展。

该项目拟形成“一纵一横两组团”的产业发展格局，打造“全域绿色生态、山下科技创新、滨江文化创意、中央缤纷商业”。

①“一横”：金陵文化创意埠与幕府山绿色特色小镇的一线产业发展带。

一是幕府山绿色特色小镇（幕府绿色小镇片区）建设。产业定位依据新一代信息技术进行分类，以鼓楼区既有的软件和信息服务产业基础和科研力量为依托，加大与南京及全国高等院校科研单位产学研合作，重点推进互联网产业、高端软件和信息技术服务产业，未来重点吸引三大产业方向中上下游企业的设计研发，以及推广应用部门进驻园区，形成园区内互联网软件产业生态圈。

幕府绿色小镇片区，项目公司拟承担的运营服务内容包括除项目区域内安保、保洁、绿化等基础物业服务外，搭建智慧园区平台，通过互联网、物联网等先进的科技手段管理、运营园区等基础公共服务；项目区域中的产业招商引资（引才）服务，包含前期项目筛选、项目评估、商务谈判、落地协助、后续保障等招商服务；为政府提供适合当前园区发展的政策性咨询，提供政府研究区域产业发展基础性数据和参考建议，为政府搭建与企业沟通的桥梁等政府咨询服务；除提供基础的财务咨询、法律咨询、投融资服务外，还为处于不同阶段的企业提供不同的、专业的、具有针对性的“保姆式”服务，搭建“招商—落地—加速—产业化”四位一体的企业服务体系等企业咨询服务。

二是金陵船厂片区建设。项目地块位于老旧金陵船厂厂区范围内，船厂属于旧工业企业，高能耗，厂区设施破旧，影响长江沿江风光，满足不了城市产业发展、城市环境治理。利用金陵船厂的老旧厂房建立“金陵创意埠”，区域内按照“保留、改造、新建”的原则规划，建设以工业设计、数字娱乐、智慧互联网＋为产业核心的文化创意产业聚集区。该片区重点打造金陵埠文化创意空间和金陵埠历史文化街区、金陵埠船舶科技博物馆、金陵埠船坞咖啡、金陵埠电子竞技基地等 4 个项目。金陵船厂文化创意埠项目通过 3 至 4 年的打造，将形成“文、商、旅”融合的金陵文化创意埠，历史文化街区由“商业、休闲、文化、旅游、娱乐”等五大板块构成；金陵埠船舶科技博物馆依托金陵船厂的历史，以长江与船舶为主题，将金陵船厂船坞码头及码头废旧船舶改造成“金陵埠船坞咖啡”；将以移动互联网为基础的电子竞技元素植入金陵文化创意埠，落地全球性电子竞技赛事，倾力打造完整电竞产业链，引进高品质游戏项目团队或公司入驻基地。

在金陵埠文化创意空间和金陵埠历史文化街区，项目公司拟承担的运营服务内容包括提供政策咨询、招商等服务；在电子竞技产业基地，项目公司拟承担的运营服务内容包括电竞馆、电竞教育、第三方赛事、创业孵化等；在金陵埠船舶科技博物馆，项目公司拟承担的运营服务内容包括场馆运维和活动策划宣传等。

②“一纵、二组团”：中央北路商业街区和小市东街口、五塘商圈。

一是中央北路商业街片区建设。打造集健康餐饮、时尚休闲、精品购物和消费体验于一体的城市主题商业街，串联五塘广场与绿地缤纷广场，形成五塘商圈组团。采用多向沿街商业模式，动线简明灵活，整体形成流畅的环形动线。新中央北路商业街将满足消费者的以上全部需求，凭借其协调的业态组合与引导给顾客带来“购、吃、走、看、憩”等多方面的乐趣，吸引城市中追求时尚、高雅、生活质量与休闲体验的层峰人士，独享中央北路商圈专有的生活方式，打造一种城市新兴的消费体验潮流。中央北路全长 2 千米，沿街商业改造路段北起幕府路，南至北固山路，全长约 1 千米。

二是小市东街口商圈建设。利用区位及地铁交通（项目地块紧靠 3 号线小市地铁口）的便利优势，构建跨境电商线下体验的商业休闲空间，打造江苏省首家线上线下联动的跨境生活综合体，拥有线上跨境电商、线下实体商业以及全球供应链等三大事业部平台。建设目标是覆盖全国，布局全球供应链，为商户提供按需定制的运营平台。运营期第一年线下销售额1亿元，线上销售额2亿元，运营期第三年线上线下销售额均突破5亿元，运营期第五年线上线下销售额达到10亿元。

三是五塘商圈建设。通过引入时尚购物、特色餐饮、运动休闲等业态，将原本体量较小、人气不足的五塘广场，绿地缤纷广场及该区域内的保障房进行统一升级打造，串联中央北路商业街，将单一商业广场转变为集餐饮、购物、休闲、娱乐为一体的大型时尚综合体，提高商圈品质，拉动片区人气。

3. 合作方式和交易结构

本项目建设采用“建设—运营—移交（Build-Operate-Transfer，BOT）”的运作方式，合作期共计二十年，含建设期六年。鼓楼区人民政府指定南京燕南建设有限公司为政府出资方代表，与通过法定方式选出的社会资本方组建项目公司。在合作期限内，项目的前期咨询、投融资、建设、运营维护、移交等均交由项目公司负责。

（1）合作主体和合作范围。

①合作主体。实施机构是南京市鼓楼区建设房产和交通局。政府出资方代表是南京燕南建设有限公司。在项目公司资本结构中，政府方和社会资本方分别出资10%和90%。

②合作范围。合作期内，由项目公司负责城中村改造、保障房建设、小区出新，以及公共道路、绿地等配套工程建设，幕府绿色小镇（核心区）片区、金陵船厂片区、小市东街口片区等项目建设，公共公益设施维护、产业导入、运营、维护、产业发展服务等工作，提供项目管理服务、资产管理服务以及产业发展服务等，并获得使用者付费收入。

项目公司以合作区域内产生的各类经营收入覆盖项目公司建设、运营成本及合理回报，不足部分由政府补足，补充资金的主要途径是可行性缺口补助。同时，设置超额利润分配机制，超额利润与政府共享。合作期限届满，项目公司应将相关资产产权及经营管理权全部移交鼓楼区政府或其指定机构。

（2）项目运作结构图，如图9.1所示。

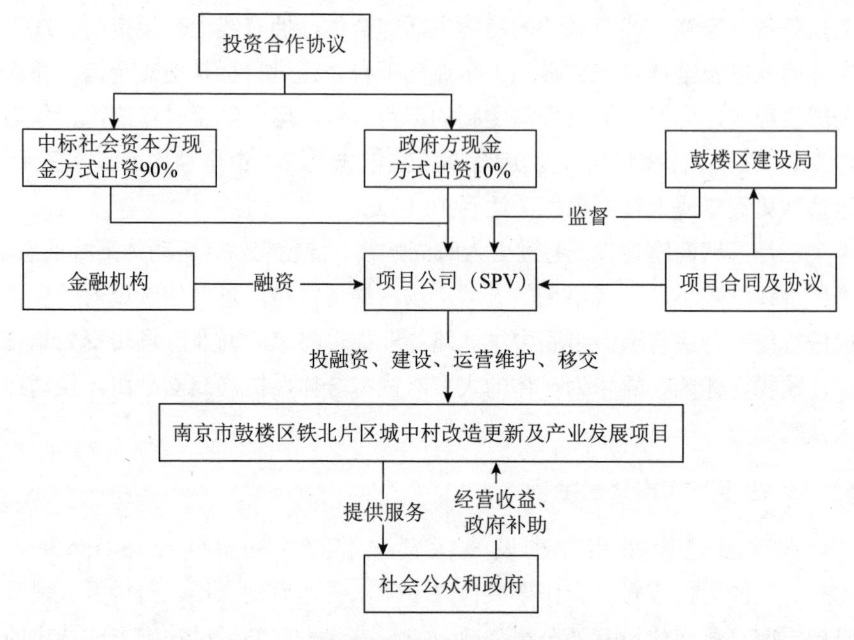

图 9.1　项目运作结构

（3）交易结构。

①投融资结构。项目总投资 30% 拟由项目公司认缴，70% 拟申请金融机构融资，并出社会资本方承担融资责任，政府不做担保。建设投资约占总投资的 98%，其余 2% 为建设期利息。

在项目资本金中，鼓楼区人民政府指定的国有资产出资方南京燕南建设有限公司以现金方式出资，占比 10%；经法定选择方式选出的社会资本方以现金方式出资，占比 90%。项目资本金拟根据项目实施进度分年投入。

项目工程费用主要用于项目范围内保障房建设，小区出新以及公共道路、绿地等配套工程建设，以及幕府绿色小镇科技片区、金陵船厂片区、小市东街口片区等产业建设。工程建设的其他费用包含前期费用、土地使用权费、拆迁安置费、建设单位管理费、勘察设计费用、建设单位临时设施费、工程监理费、工程保险费、综合咨询费、检测费等。在建设期内，税金缴纳执行国家相关规定，工程费用部分税率暂取 11%，工程建设的其他费用部分税率暂取 6%。

②建设成本。建设成本主要为项目公司根据项目合同约定的完成合作区域内的城中村和危旧房改造，保障房建设，小区出新以及公共道路、绿地等配套工程建设，幕府绿色小镇片区、金陵船厂片区、小市东街口片区等经营性项目建设等各项工作产生的成本。项目建设完成后，以由区审计局或财政局委托的有资质的中介机构出具的审计报告为准。

③运营收入和运营成本。运营收入指项目公司通过提供运营维护服务、产业发展服务等活动，获得的使用者付费收入；运营成本包括项目公司为完成合作区域开发运营管理、服务等各项工作而产生的成本。在运营期内，项目公司运营收入及运营成本，以由区审计局委托的有资质的中介机构出具的审计报告为准。

④项目回报机制。项目采用“可行性缺口补助”的回报机制，使用者付费主要为产业发展服务收入、配套商业出租收入、资产管理收入等，项目经营收入确实不能覆盖项目建设成本、运营成本以及项目公司合理回报水平的情况下，政府进行补贴。回报的主要来源为“可行性缺口补助 + 使用者付费”。

⑤超额利润分配。项目实际回报超过预设数值部分为超额利润，应与政府分享，且政府和项目公司分配比例不低于表 9.1 的要求。

表 9.1　超额利润分配表

资本金财务内部收益率	超额利润分配比例（政府:项目公司）
≤ 7%	无超额利润
7% ～ 9%（含）	3:7
9% ～ 11%（含）	5:5
11% ～ 13%（含）	7:3
＞ 13%	全部归政府所有

4. 政企合作愿景

立足鼓楼区铁北片区发展的实际情况，力争系统打造全国旧城更新典范，实现生态环境、城市功能、城市品质的整体更新，达到“科技创新驱动、核心企业引领的产城融合新局面，绿水青山环绕、基础环境良好的自然和谐新生态，配套设施完善、人民安居乐业的美好生活新画卷”的目标。

生态环境——出门有公园，生活有绿道。打造滨江、山体、绿地整体风貌系统，建设绿化约 3.2 万平方米，形成绿道系统，串联各个公园与城市广场的生态面貌。

基础设施——完善片区交通体系、公建配套设施。建设道路约 34.7 万平方米，打造绿色出行的低碳生活方式，增设学校、医院、社会停车场等公建配套设施，满足居民日常出行与生活需要。

产业贡献——打造产城一体发展格局。新增产业载体约 50 万平方米，预计引入企业超 500 家，合作期内产生税收超 147 亿元，合作期结束后产业载体年税收贡献约 16 亿元。

社会配套——提高生活品质，营造创业氛围。建设 32.5 万平方米保障房及 9.5 万平方米的人才安居房，进一步提高片区居民的生活品质和营造良好的创业创新氛围。

三、南京市桥林老城片区城市更新项目

桥林老城片区综合开发（新型城镇化试点）PPP 项目，属于城镇综合开发领域新建类项目。项目作为浦口区政府 2017 年 1 号文项目，受到了区委区政府和社会各界的密切关注。桥林老城片区综合开发（新型城镇化试点）PPP 项目为满足桥林新城高品质、重民生、可持续的建设要求奠定了基础；为浦口区建设产城融合、田园宜居、智能双星的国家级新型城镇化示范区打造了“桥林样本”。

1. 项目基本情况

（1）项目所在地概况，如图 9.2 所示。

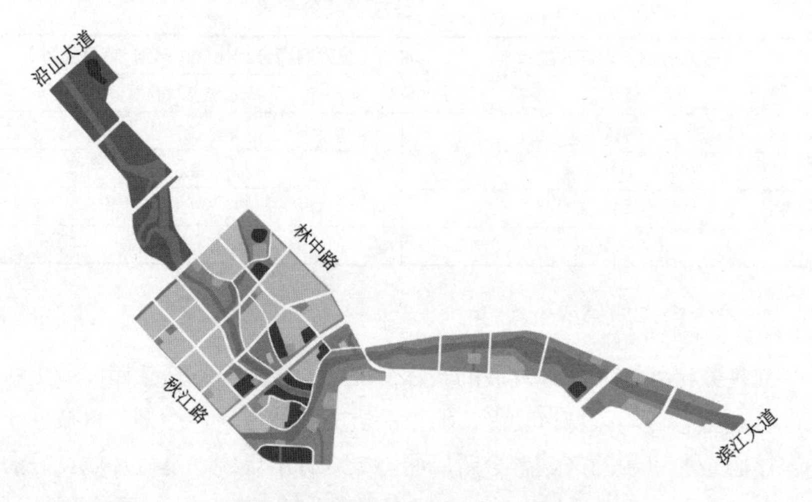

图 9.2　桥林 PPP 项目范围示意图

桥林新城隶属于南京市浦口区，位于南京都市区西侧。东临长江，南部与安徽和县相邻，西接南京市浦口区星甸街道，北至长江三桥。距离南京主城区约 40 千米，距浦口中心区 20 千米左右。国务院批复的国家级江北新区规划要求 2030 年形成“中心城—副中心城—新城—新市镇”的城镇等级体系，桥林新城为两个之一。

（2）项目实施机构。

经浦口区人民政府授权，浦口区桥林街道办事处、南京桥林新城建设发展有限公司为该项目的实施机构，负责识别、准备和采购阶段的项目前期工作，会同咨询机构编制项目实施方案，与中选社会资本方签订 PPP 项目合同，协助项目公司建设、运营该项目，并于合作期满后接收该项目。

（3）项目投资机构。

该项目将通过政府采购方式公开选择社会资本方。中选社会资本方与政府指定出资人南京桥林新城建设发展有限公司共同出资设立项目公司（SPV），负责该项目的融资、投资、建设、运营和移交。

（4）建设内容与建设规模。

桥林新城新型城镇化示范区老城开发主要规划为 4 个片区，分别为水街片区、明因寺片区、姚庄片区和石碛河片区。其中，水街片区的主要功能为旅游、商业和居住，明因寺片区和姚庄片区的主要功能为居住，石碛河片区的主要功能为旅游和休闲娱乐。

项目建设内容包括拆迁安置、建筑整治、公共服务设施建设、市政基础设施改造与建设、景观提升改造等。在明因寺片区保留提升建筑面积约 16 万平方米，改造提升建筑面积为 6 万平方米；在水街片区保留提升建筑面积约 2 万平方米。通过与各相关部门对接，综合考虑该项目的实际情况，确定建设期为 2017—2022 年。

（5）项目资金。

25% 是项目资本金，符合《国务院关于调整和完善固定资产投资项目资本金制度的通知》（国发〔2015〕51 号）的规定。75% 是债务融资，以银行贷款方式筹集。

2. 项目实施

（1）设立项目公司。

该项目依据《中华人民共和国公司法》设立有限责任公司作为项目公司，负责项目的融资、投资、建设、运营和移交，保有项目形成的资产，承担该项目的经营损益，依法独立承担民事责任。

在项目合作期内，如有财政专项资金、政府引导性基金、开发性金融专项资金及其他专项资金等，可进入项目资本金的资金安排，项目公司股东会应无条件作出决议，同意调整各股东的出资比例，但应保证政府指定出资人在项目公司中的持股比例低于 50%，以符合财政部的规定。

（2）项目组织领导机制。

浦口区人民政府或其指定的 PPP 领导小组负责确定项目实施机构，审核项目实施方案，批准 PPP 项目合同。经浦口区人民政府安排，浦口区财政局负责 PPP 项目归口管理工作，负责审核该项目的实施方案，对物有所值评价报告和财政承受能力论证报告进行验证，负责协调项目进入项目库，协助争取项目贷款、项目专项支持或补助资金等项目优惠政策，参与项目绩效考核。

浦口区人民政府桥林街道办事处、南京桥林新城建设发展有限公司作为项目实施机构。

浦口区桥林新城建设管理指挥部作为项目推进机构。项目公司负责项目的前期报批、融资、投资、建设、运营与移交。

（3）项目实施保障措施。

①成立领导小组。建议项目实施机构成立项目推进领导小组，通过资源配置、行政推动（定期或不定期会议、现场办公、监督检查）等，解决该项目推进过程中的重大疑难问题。并通过任务分解，将项目相关工作责任落实到具体单位或部门，协调各责任单位高效协作，确保该项目积极、稳妥推进。

②争取政策支持。充分整合、有效利用现有资源和政策，争取 PPP 项目配套政策支持。同时，积极申报 PPP 示范项目，争取国家和省有关部门的各类支持。

③完善监管制度。建立并完善该项目的监管体系，对该项目进行全流程履约管理、行政监管，鼓励社会监管。

3. 项目采用PPP模式的必要性

（1）有效解决项目资金来源。资金来源是决定项目成败的重要因素之一。该项目估算总投资约 64 亿元，规模较大。如何解决资金来源问题，是该项目落地的核心问题。受国务院印发的《国务院关于加强地方政府性债务管理的意见》（国发〔2014〕43 号）的影响，地方政府及政府融资平台融资受到了较大限制。而 PPP 模式是当前国家力推的新型项目投融资模式，为基础设施和公共服务项目提供了顺畅的融资渠道。采用 PPP 模式，能够引进有资金实力的社会资本合作方，从而有效解决资金来源问题。

（2）降低建设成本。对于 PPP 项目来说，金融机构在融资期限、融资利率、增信条件等方面给出了诸多优惠条件，采用 PPP 模式，有利于降低项目的融资成本。项目建设成本的降低，将直接减少政府财政支出。

（3）加快项目建设进度。模式是对建设项目全生命周期的整合，也是对建设项目全产业链的整合。通过有效整合，加上项目公司的整体推进及地方政府的帮扶，项目建设进度将会明显加快。

（4）争取上级资金支持的重要渠道。为了推行 PPP 模式，中央财政在前期费用、建设成本补贴等多方面提供资金支持。为了支持 PPP 项目融资，财政部牵头组建了 PPP 融资支持基金，部分省市也相继组建了 PPP

基金。PPP 模式已成为争取上级资金支持的重要渠道。

（5）提高招商引资成效。通过该项目的实施，本区域基础设施不足的问题得到有效解决，公共服务得到进一步完善，为该地区产业的集聚发展提供了良好的基础。这将大大增加对投资人、企业主和创业者的吸引力，显著提高地方政府招商引资的成效。

（6）转换政府部门的角色定位。在传统建设模式下，项目前期工作、建设、运营等环节都由政府部门（含平台公司）承担，即使部分环节通过委托或发包方式交由他人操作，政府仍然承担着全部的责任，摆脱不了裁判员、教练员、运动员等角色混杂、利益冲突的局面。采用 PPP 模式后，项目的前期工作、建设、运营等环节全部整合到项目中，由社会资本或项目公司承担。政府部门能够脱开具体事务的羁绊，以超然的姿态，对项目实施全过程进行有效监督，能够大大提高项目运作效率，规避项目建设和运营的重大风险，实现项目规划和建设目标。

4. 合作方式

（1）影响项目运作方式选择的因素。

①项目领域和类型。不同领域和不同类型的项目，其采用的 PPP 模式的偏好和要素也不尽相同，对项目的具体运作方式要求也不尽相同。

②项目运作的环节和内容。由于项目前期的准备工作进展程序不一，PPP 项目各环节和内容的整合程度不同，从而影响项目运作方式的选择。

③风险分配框架。项目风险分配与其承担者将风险转化为收益的能力相关。基于风险与收益的对等性，选择不同的 PPP 运作方式，将会产生不同的风险补偿机制。

④融资需求。项目融资虽然完全由市场调节，但还需要政府的增信支持，与 PPP 项目运作方式相关。

⑤期满处置。项目的公益性特征决定项目最终归属政府还是社会资本。期满是否移交，直接决定项目的具体运作方式。

（2）该项目运作方式和项目运作环节。

综合考虑上述因素，该项目适合采用 BOT 的运作方式。社会资本将承担项目的投资、建设责任。在项目特许经营期内，承担对项目资产的运营维护责任，以及在合作期满后的移交责任。

①融资方面。项目公司通过向金融机构申请项目贷款的方式筹集债务资金，进行项目建设。在预计贷款年限内，预计该项目的综合融资年利率不超过同期中国人民银行公布的，金融机构 5 年以上贷款基准利率

上浮 10%。

②项目建设方面。该项目拆迁资金由项目公司负责筹集，并支付给政府方指定的拆迁实施主体。政府方组织实施拆迁工作，项目公司配合政府指定的拆迁主体完成拆迁工作。本 PPP 项目招引社会资本投资人后，按照《中华人民共和国招标投标法实施条例》第九条和财政部《关于在公共服务领域深入推进政府和社会资本合作工作的通知》（财金〔2016〕90 号）规定，确定 PPP 项目中的工程建设内容。即由社会资本按照 PPP 项目合同约定的投资额、建设期限、质量保证与质量控制、安全与文明施工、验收等责任条款实施该项目的建设工程。该项目范围内的公共服务设施与市政基础设施（含石碛河景观带）建设由中标社会资本方负责，按相应行业标准和行业规范进行建设，并保证建设质量。

5. 项目合作期

根据财政部发布的《关于进一步做好政府和社会资本合作项目示范工作的通知》（财金〔2015〕57 号）的要求，政府和社会资本合作期限原则上不低于 10 年[①]。根据以上规定和该项目的具体情况，该项目设定项目合作期为 13 年。

6. 相关方职责

项目相关方关系如图 9.3 所示。

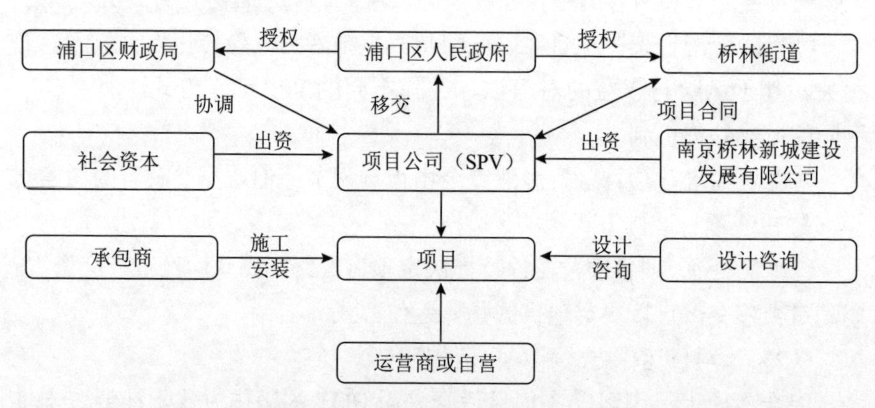

图 9.3　项目相关方关系示意图

（1）项目前期准备阶段相关方职责。

浦口区人民政府负责建立 PPP 项目工作机制，批准 PPP 项目实施方案和财政部门验证过的物有所值评价报告和财政承受能力论证报告。浦口

① http://www.gov.cn/zhengce/2016-05/25/content_5076555.htm

区人民政府桥林街道办事处、南京桥林新城建设发展有限公司担任项目实施机构，负责牵头编制 PPP 项目实施方案、VFM 评价报告，与社会资本方签订 PPP 项目合同，会同区级、市级相关部门争取项目软贷款、专项补助资金等优惠政策，协调项目前期规划、土地、可研编制和批复、勘察、设计等工作。浦口区财政局为 PPP 项目归口管理部门，负责项目库建设，负责 VFM 评价报告的验证和财政承受能力评估，审核 PPP 项目实施方案，申请项目软贷款、专项补助资金等优惠政策，申请、管理、发放 PPP 项目的补贴，协助 PPP 项目进入上级项目库。浦口区发改局负责立项审批，核准项目可行性研究报告。项目公司由中标社会资本方和政府指定出资人南京桥林新城建设发展有限公司出资设立，负责 PPP 项目的融资、前期手续报批工作。

（2）建设期相关方职责。

项目实施机构派驻常设代表参与工程建设管理，选聘设计咨询机构（设计咨询费用经政府方审核同意后由项目公司支付，计入项目总投资）、工程监理单位（监理费用经政府方审核同意后由项目公司支付，计入项目总投资）。项目公司根据项目资金需求和建设进度进行投融资，监督施工方的工程建设。工程承包商根据项目公司委托，负责项目的工程建设。该项目工程承包商与社会资本投资人采用一体化招标的方式确定。设计咨询机构根据政府方的委托，负责项目的设计、咨询等。浦口区其他相关职能部门对工程建设进度、质量、安全、文明施工等进行监管。

（3）运营期相关方职责。

项目实施机构派驻常设代表参与项目运营管理。项目公司在运营期间应严格按照方案中的运营要求进行项目运营，包括项目设施的维护维修、保养养护，商业设施的招商运营、物业服务及其他保障，并配合项目绩效考核小组的工作。如聘请专业运营商运营，则运营商根据项目需要，受项目公司委托，负责项目的具体运营。政府方在每年 1 月份组建项目绩效考核小组，对项目运营维护情况进行考核。

（4）移交期相关方职责。

实施机构审核确定移交方案，与社会资本方（项目公司）共同组建移交委员会，对最后恢复性维修进行验收，对移交资产及资料、技术以及其他附加权益进行点验，接收项目资产并安排后续运营维护。项目公司针对项目移交验收过程中发现的缺陷，应及时进行维修，并承担其风险和费用。移交委员会应在移交日期 12 个月之前会谈并商定移交项目资产清单和移交程序。

7. 交易结构

（1）项目投融资结构及资金来源汇总。

项目投融资结构及资金来源如图 9.4 所示。

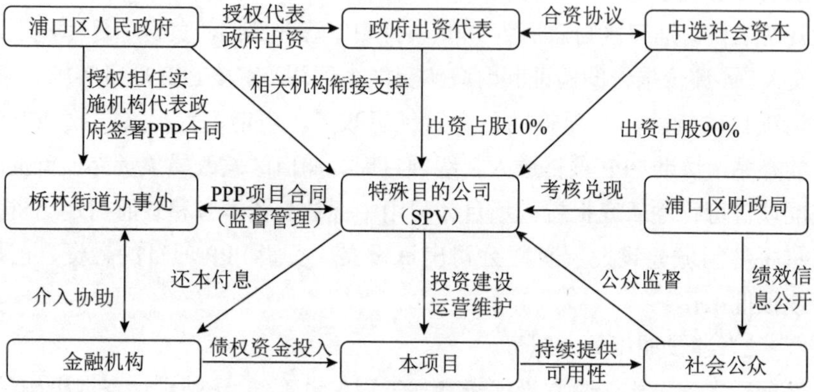

浦口区人民政府
授权代表政府出资
政府出资代表
合资协议
中选社会资本
授权担任实施机构代表政府签署PPP合同
相关机构衔接支持
出资占股10%
出资占股90%
桥林街道办事处
PPP项目合同（监督管理）
特殊目的公司（SPV）
考核兑现
浦口区财政局
介入协助
还本付息
投资建设运营维护
公众监督
绩效信息公开
金融机构
债权资金投入
本项目
持续提供可用性
社会公众

图 9.4　项目投融资结构示意图

①项目资本金来源、性质和用途。根据《国务院关于调整和完善固定资产投资项目资本金制度的通知》（国发〔2015〕51 号），该项目资本金比例不低于 25%[①]，项目资本金用于项目流动资金和工程建设。项目资本金来源、性质和用途如下。

对于项目公司首期注册资本金，其中政府指定出资人出资 10%，其他资金由中标社会资本方出资，是通过股东追加投资、引入金融产品（信托计划、资产管理计划、PPP 项目基金及其他产业基金）等方式筹集。各方出资方式皆为现金。

②项目所需的其他资金来源。对于项目资本金以外的资金需求，以项目公司为主体，向金融机构申请项目贷款。还款来源为使用者付费和可行性缺口补助。该部分资金也可以利用成本适合的 PPP 项目基金及其他产业基金。

③项目资金来源汇总和增信措施。该项目融资可用项目公司收益权作为质押。除项目收益权外，项目公司的其他资产不得用于抵、质押或设定任何担保。政府方不提供任何形式的担保和质押，不承担出具支持函、安慰函等政府函件的义务。

（2）项目回报机制。

项目公司回报来源于项目建设内容，包括拆迁安置、建筑整治、公共

---

① http://www.gov.cn/zhengce/content/2015-09/14/content_10161.htm

服务设施建设、市政基础设施改造与建设、景观提升改造等带来的收益。

①可用性服务费。可用性服务费是指，项目公司为保证项目资产输出合乎标准和采购人需求的公共服务，进行资本投入而应获得的服务收入。

②运维绩效服务费。运维绩效服务费根据政府对项目公司运营维护的绩效监测系数计算支付。

项目运营维护成本包括维修养护费用、工资福利费用、营销费用（考虑项目公司商业招商以及广告宣传力度）、办公费用、税费等。

③使用者付费。该项目使用者付费主要包括基层社区中心商业设施出租收入、社区中心商业租金收入、停车场收入、宗教设施附属商业设施收入、体育场馆出租收入、文化站与文化中心附属商业设施收入。

④可行性缺口补助。可行性缺口补助 = 可用性服务费 + 运维绩效服务费 − 使用者付费。该项目运营期可行性缺口补助具体见表 9.2 所示。

表 9.2　可行性缺口补助分配

条　　件	政府与社会资本的分配比例
A ≥阈值下限 7%，且 A< 阈值上限 8%	5:5
A ≥阈值下限 8%，且 A< 阈值上限 9%	7:3
A ≥阈值下限 9%，且 A< 阈值上限 10%	9:1
A ≥阈值上限 10%	10:0

注：A 表示社会资本项目资本金税后内部收益率。

⑤超额利润分成。在保障社会资本合理回报的前提下，为避免暴利，对超额利润采取分成的方式。为项目公司税务筹划考虑，该分成可设定为特许经营权收费。超额利润计算办法：合作期结束后，根据经政府指定的审计机构的审计结果，如项目全生命周期的项目资本金税后内部收益率符合超额利润分成要求，则按超额分成办法进行分配。超额利润是指超过税后内部收益率 7% 的那部分利润，即全部净利润扣除对应税后内部收益率 7% 的净利润。

（3）政府方回报来源。

对于政府方而言，项目采用 PPP 模式运作最主要的回报是社会效益。该社会效益体现在，节约基础设施建设与公共服务设施建设的投资与运营成本，减轻政府债务负担，平滑地方财政支出，增加公共产品供给，提高公共服务的效率和质量，满足居民对公共产品的需求。

（4）项目回报支付方式。

政府自子项目分项竣工验收（若无法实现竣工验收则先通过交工验收）后，分期进入运营期，即自运营期始，分项分期计算和支付可行性缺口补助。其中，可行性缺口补助费用根据政府对项目公司运营维护的绩效监测系数进行计算支付。

8. 监管措施

（1）总体监管措施。政府方通过派驻项目公司董事，在参与项目公司决策的同时，对项目公司的运作、项目建设、运营进行监督。政府方制订派驻项目公司的董事、高级管理人员、其他人员和项目管理人员的工作职责和定期述职制度。由城管部门对文明施工、项目运营涉及的城市管理事项进行监督检查。由安监部门，对项目和项目公司的安全管理措施执行情况进行监督检查。由环保部门对项目和项目公司的环境保护措施执行情况进行监督检查。

（2）建设期监管措施。政府方组建项目管理团队，参与项目管理。政府方通过合法程序确定项目监理。项目设计变更、工程签证必须按照地方政府规定的程序执行。聘请具有工程造价咨询资质的会计师事务所对施工预算进行审查，对项目建设过程的成本费用进行跟踪审计，对竣工决算进行审计。由质检站对项目建设质量进行检测和监督。

（3）运营期监管措施。项目公司年度财务报告审计和资产评估由双方协商确定的中介机构承担。政府方组建运营监督考核小组，并定期对项目公司的运营进行监督考核。政府方聘请中介机构定期对项目运营情况进行中期评估。

第二节　Z 企业提升参与城市更新的竞争优势及路径

一、Z企业如何在城市更新中发挥更大作用

1. 做大做强，加快市场布局

新型城镇化包含了规划策划、金融资本、土地整理、建设开发、产业发展、运营服务等诸多板块。Z 企业在传统业务的基础上，进一步向现有产业链的顶部和下游延伸、扩充，通过资源的集成和板块的联动，可以实现企业产业链的全覆盖，真正助力企业转型升级，实现业务全面转型、企业结构升级，向城市综合开发服务商转变。面对新业务，宜加快市场布局。新型城镇化业务的窗口期只有有限的 2 ～ 3 年，而行业竞争对手也在积极抢占市场，如中交、中铁利用垄断优势，嫁接基础设施建设特色小镇，进行区域开发。华夏幸福以“产业新城 + 房地产”的形式成为新领域的标杆，

绿城以“宜居小镇＋房地产”的形式成为行业黑马，华侨城以“文旅小镇＋房地产”的形式布局全国市场。面对激烈的行业竞争，Z企业正在加快市场布局，实现多区域突破。

2. 板块联动，业务集成

新型城镇化建设能够充分实现Z企业系统各板块联动，同时也能实现产业链的业务集成。

（1）拉动主业。实现“量”的提升。新型城镇化建设范围动辄几十平方千米以上，投资过百亿，其中一级开发中的基础设施、公共设施和二级开发中的施工业务超过60%。实现“质”的增加。通过竞争性磋商，整体打包项目，以直接委托的方式获取较高收益的施工业务。同时，施工利润不下浮，可避免恶性压价竞标。

（2）拉动投资。带动地产投资。通过城镇化整体打包，利用城中村改造、特色小镇、城市更新等政策，实现土地一、二级联动，低成本拿地。带动综合投资。通过创新PPP“1+X”模式，在成本报销加合理收益的基础上，分类获取基础设施和公共设施投资，规划策划咨询等软课题投资、产业发展投资带来的持续收益。

（3）业务集成。除了可充分联动规划设计、建设施工、地产开发等传统业务板块外，更可充分发挥Z企业的全产业链优势，导入科技、水务环保、集成房屋、铝新材料、电子商务等新兴业务，通过产业发展和金融孵化，打造集研发、展示、交易为一体的新兴产业园区，实现Z企业业务的高度集成。

3. 打造品牌，快速复制

通过一年的项目实施，尤其是在展示中心开放以来，重固镇项目已经成为展示Z企业品牌、Z企业形象、Z企业力量的重要窗口，全国各地已有百余个区县以上政府或部门考察学习其项目模式，对Z企业实力和项目模式予以充分肯定，并纷纷表示了强烈的合作意愿，且实现了部分项目的快速意向达成。

二、如何更好实现政企合作

（1）政府对土地、财政资源使用过程的监督信息进行公开。

①将土地报销项目纳入区级政府投资项目并予以管理。一级开发阶段由重固镇代表区政府委托项目公司实施开发，采取成本报销模式，纳入成本报销的项目范围包括：实际支出的动迁费用、市政及公共设施等项目费

用、建设期贷款利息及建设单位管理费。报销项目按照青浦区政府投资项目“1+8”管理办法实施，由项目公司负责编制工程可行性研究报告，报青浦区 PPP 协调管理机构（或相关政府部门）进行评审，按照青浦区政府投资项目管理办法的要求实施。在建设过程中，由区财政指派财务（投资）监理，区建委指派工程监理。所有项目由青浦区 PPP 协调管理机构（或相关政府部门）组织开展竣工验收，按照审计后的工程总投资作为报销数。

②项目公司资金分一、二级单列账户核算。一级开发项目以在建工程或存货形式计列，待土地出让后冲销，国家、市、区级建设预算资金以及各类财政专项资金亦作为冲销资金来源。

（2）加强对项目公司的管控。

①合理设计决策机制。由于社会资本在项目公司中占有较大比重股权，因此，必须建立董事会关于重大事项一致同意才能通过的制度，设置小股东的一票否决权，从而有效把握项目公司的重大决策。重大事项应当包括公司章程的修改、公司的成立解散、合同的签订、收益的分配、项目融资和担保，以及高级管理人员的任命等。

②加强对关联交易的监管。在工程建设方面，必须对公司与社会资本的关联交易进行一定限制，赋予青浦区 PPP 协调管理机构对这类关联交易发包价格的审核权，同时，采取闭口合同管理。

③落实政府涉及重大公共利益事项的决策限制权。项目公司原则上采取市场化运作，政府不能直接对项目公司的内部决策实施干预，但是涉及公共利益事项的决策时，需及时上报相关部门。如果项目公司的行为或对外签署的合同侵害了公共利益的项目规划、质量、投资、进度调整等事项，政府可以根据《中华人民共和国民法通则》及《中华人民共和国合同法》等法律，通过司法程序宣告其无效。

④引入第三方评估机制。对于财政资金、土地利用等公共资源来说，利用项目及事项需引入第三方评估机制，原则上通过竞争性方式选择具有甲级资质的专业机构承担，其中概算审核、决算审核、财务（投资）监理、施工监理等事项需由区相关主管部门委托。

（3）进一步完善退出机制。

为了有效控制风险，最大限度地保障公共利益的实现，设计一定的熔断机制，主要从以下几个方面考虑。

①明确违约事项。按照《中华人民共和国合同法》的规定，设定重大事项违约机制，如存在如下现象的，赋予守约方恢复原样、损害赔偿、终止合同的请求权。擅自转让、出租项目的；擅自将项目的财产进行处置或

者抵押的；因管理不善，发生重大质量、生产安全事故的；有3个及以上项目决算超概算的，或有项目验收两次无法合格的；擅自停工，严重影响到社会公共利益和安全的。

②明确合同终止的情形。合同终止的情形包括三种。其一，合同约定终止。在合同中约定一旦出现某种情况导致合同目的无法实现，则各方有权提前终止合同而无须承担违约责任，约定事项可以包括项目规划方案无法获批、合资公司无法通过招投标等合法形式获得土地开发整理权等。其二，合同法定终止。暨双方在履行合同过程中，出现某种情形，按照法律规定合同应当终止。其三，合同终止请求权。暨合同约定一旦出现某种情形，则一方有权在任何时候向另一方提交书面通知，表示其有终止、解散和清算合资公司的意向，此类情形可以包括另一方破产、成为清算或解散程序的对象，停止经营业务或不能支付到期债务，另一方因不可抗力的情况或后果对合资公司的业务或正常运作造成实质性不利影响合计超过180天，并且各方无法达成公平的解决方案等。

③明确清算程序。项目因客观原因无法正常经营后，应当立即成立清算组织，董事会、经理的职权立即停止。清算期间，公司不得开展与清算无关的经营活动。同时明确清算组职责，债权人偿债顺序等事项。

三、如何更好推进项目实施

Z企业的新型城镇化业务新、范围广，但与之相适应的配套管理体系在企业内部尚无可借鉴的成功案例，Z企业也没有诸如项目策划、产业定位、产业导入、城市运营等方面的成熟经验。Z企业面对巨大的市场机遇，在积极探索新模式、新机制的同时，也深刻地认识到，新型城镇化业务从“内容”上和“体量”上都超出了现有的产业链范围，要在宝贵的窗口期实现快速发展，就必须要Z企业将其在我国建筑领域所具有的品牌、资源、资本、管理、运营等综合优势作为坚实的后盾，快速实现Z企业模式的形成和拓展。首先，在实现Z企业产业链的整合和各领域优质资源的导入方面，亟须专业化的宏观指导和技术支持。其次，为了确保项目的快速推进和复制，关于PPP项目包括各个子项目可研、子公司设立等审批事项，在Z企业内部审批程序方面设置绿色通道。同时，在前端结构化融资、中期产业基金和后端资产证券化方面，以及合规性评审方面，加强管理创新。

1. 桥林老城片区综合开发项目

从微观层面看，Z企业对于新型城镇化项目需要明晰项目边界条件。在这方面，南京市桥林老城片区综合开发（新型城镇化试点）PPP项目实施方案做出了详细说明，明晰了政府方的基本权利和义务。作为项目实施机构，政府相关部门有权对该项目的运营维护、安全、质量、服务状况等进行定期评估，对项目公司融资、建设、运营维护该项目进行全程实时监督、管理。对项目公司在合作期内的合同履行情况进行监督、管理；政府方按照绩效考核结果以及 PPP 项目合同的约定，对项目公司进行可行性缺口补助付费，以保障乙方的合法收益。同时，也明确了社会资本方的基本权利和义务。

在明晰责任的同时，还应完善项目合同体系。新型城镇化项目投资、建设、运营周期长，企业在项目全生命周期的各个阶段都面临着信息不对称问题和巨大的不确定性。因此，新型城镇化项目需要完善项目合同体系。在这方面，南京市鼓楼区铁北片区旧城改造和产业升级项目实施方案做出了详细说明。项目合同由鼓楼区建设局与项目公司签订，项目合同重点阐述项目所采用的运作方式。股东协议规定，政府指定的出资方代表南京燕南建设有限公司现金方式出资 10%，社会资本方现金方式出资 90%；南京燕南建设有限公司不具备实际控制力及管理权，但有监管权，重大事项有一票否决权。

履约合同方面，运营期间可能涉及的保险种类包括：财产一切险、财产综合险、公众责任险、雇主责任险、人身意外伤害保险等。项目公司在不同阶段拥有不同的权利和义务。在项目建设运营阶段，项目公司的基本权利和义务是按约定提供或筹集项目资金，按照项目合同要求，完成城中村和危旧房改造工作、保障房建设工作、基础设施建设工作、公共公益设施建设工作，以及合作区域内经营性用地建设有关工作、产业发展服务工作及其他相关工作。在项目移交阶段，当双方合作期限届满或提前终止时，双方按照约定进行结算、支付，项目公司应将合作区域内政府方委托给项目公司运营维护的相关资产及经营管理权等移交政府方。在项目缺陷责任保证期内，项目公司在移交日后 12 个月内履行项目资产的保修义务。在此期间，项目公司负有对项目设施进行保修的义务，但因政府方接收移交的机构造成的损坏和正常磨损除外。

此外，优化风险配置、加强风险控制也很重要。为应对可能出现的重大变化，设立政府和社会资本的磋商机制，按照风险分担的责任，采取合适措施，减少不利影响。

2. 重固新型城镇化PPP项目

上海市青浦区重固新型城镇化 PPP 项目实施方案从开发统筹、指标统筹、资金统筹等角度对风险配置与控制做出了说明。

（1）开发统筹。

借鉴“城中村”地块改造经营性用地定向挂牌出让的方式，新型城镇化建设涉及的动迁安置房基地、经营性土地形成的“净地”，均争取定向挂牌方式出让，充分发挥市场主体、村民及村集体经济组织、存量工业用地企业主体的积极性。

（2）指标统筹。

借鉴本市盘活存量工业用地时研发总部类用地开发的强度，新型城镇化建设在符合产业发展导向、环境保护要求且不影响相邻地块合法权益的前提下，适度提高地块容积率。此外，重固镇加快城市边界的认定工作，优先保障Z企业开发“福泉山遗址公园”等功能性项目的建设。

（3）资金统筹。

借鉴“城中村”地块改造涉及的经营性土地出让金管理模式，建议新型城镇化建设涉及的经营性土地及市、区政府取得的土地出让收入，在计提国家和本市有关专项资金后，剩余部分返还镇级财政，统筹用于镇域范围内的改造和基础设施建设、美丽乡村建设等。

3. 风险控制

在南京市鼓楼区铁北片区旧城改造和产业升级项目实施方案中，按照风险分配优化原则、风险收益对等和风险可控等原则，以及财政部推广应用PPP模式的政策导向，将风险管理能力、项目回报机制和市场风险管理能力等要素进行综合考虑，区分项目投融资风险、项目建设风险、项目运营风险、补贴风险、政策、法律风险和不可抗力风险等六种不同的项目风险，详见表9.3所示。

表9.3　项目风险分配机制

<table>
<tr><th>序号</th><th>风险类型</th><th>说　明</th><th>风险承担方</th></tr>
<tr><td>1</td><td>项目投融资风险</td><td>融资方案及融资成本管理；
资金到位与资金使用；
资金管理</td><td>项目融资主体为项目公司，社会资本方承担融资责任</td></tr>
<tr><td>2</td><td>项目建设风险</td><td rowspan="5">建设过程中的工期、质量、安全、文明施工以及投资控制</td><td rowspan="5">项目公司</td></tr>
<tr><td>2.1</td><td>保障房建设</td></tr>
<tr><td>2.2</td><td>经营性用地建设</td></tr>
<tr><td>2.3</td><td>公共道路建设及绿化提升</td></tr>
<tr><td>2.4</td><td>铁北片区小区出新</td></tr>
</table>

续表

序号	风险类型	说明	风险承担方
3	项目运营风险		项目公司
3.1	运营管理风险	满足项目公司管理考核要求	
3.2	公共项目维护风险	项目产出达到既定标准，满足资产管理考核要求	
3.3	产业发展风险	项目产出达到既定标准，满足运营目标考核要求	
3.4	收入风险		
3.4.1	出租收入	出租单价以中标社会资本方报价为准	
3.4.2	出售收入	出售单价以中标社会资本方报价为准	
3.4.3	绩效收入	单位建筑面积税收贡献额以中标社会资本方报价为准	
3.4.4	运营收入	子项目运营收入以中标社会资本方报价为准	
4	补贴风险		政府
5	政策、法律风险		政府
5.1	土地指标获取		
5.2	合作区域内土地流转、征收		
5.3	其他政策、法律风险	如项目执行的政治环境、政策、法律、技术标准发生变化，导致项目投资或成本增加等	
6	不可抗力风险	不能预见、不能避免且不能克服的客观情况所带来的风险，如地震、洪水等	政府方和项目公司共同分担；可要求社会资本方购买商业保险转移风险

第三节　强化城市更新领域企业力量的主要路径

一、顺应时代和国家发展战略的要求

我国社会的主要矛盾已经转化为人民日益增长的美好生活需要和不平

衡不充分的发展之间的矛盾[①]。从国家发展战略体系可见，产城融合、生态理念、提高城镇的治理能力是未来国家发展战略的主要方向。时代的变革和发展是企业转型发展的奠基石，并指引企业转型升级。Z企业新型城镇化的发展方向与国家的发展相结合，在国家战略的指引下探索具有发展空间的业务。在这方面，日本建筑行业提供了可资借鉴的范本。

日本建筑行业是顺应时代发展的典范。1950—1953年，经历了战后经济成长时期；1955年以后，进入战后复兴阶段和工业化快速发展阶段。在与之相伴的快速城市化过程中，建筑投资以每年10%的速度大幅增长。进一步聚焦，可以看到建设企业的现代化过程。首先，从1956年开始，大成建设、大林、清水、飞岛、鹿岛等企业相继实行有限公司制，打破了延续百年的封建管理制度。其次，随着美国技术设备的引进和新技术、新机械的研发，到20世纪50年代后期，日本建筑业已经逐步完成工序的标准化并开始机械化生产。

同时，日本建筑组织还采取措施促进海外企业的发展。日本经济在20世纪60年代进入飞速发展时期，建设投资也增加得更快，由1960年占国民生产的9.5%增长为1969年的12.8%。在开工面积方面，1960—1969年的平均年增长率为13.9%。同时，建筑结构类型发生显著变化，钢结构和混凝土结构建筑明显增加。由于楼高限制的撤销，20世纪60年代中期以后掀起了兴建高层建筑的热潮。并随着城市化水平的进一步提高，居住建筑的需求量大大增加。

作为应对策略，日本建筑业开始着手形成工业化生产体系。除此之外，建筑材料、建筑机械领域在20世纪60年代也有重大突破。具体而言，日本建筑企业的转型升级主要体现在国际化、一体化与信息化、技术创新等三方面。日本建筑业的海外发展起步于20世纪50年代初期。1973年石油危机后，日本经济进入萧条阶段。日本政府为了增加建设需求，在不断扩大公共投资的同时扶持日本建筑企业向海外发展。至1986年，日本已成为世界上输出建筑能力的第五强国，活动地域大大扩展，承包工程内容也逐步多样化、高级化、大型化，既有土木基础工程，又有港口码头、公路铁路、生产线公共设施及高精尖工程的建设。

1980年以后，日本建筑业的产业结构呈现出一些新动态：信息化与一体化成为顺应时代发展的基本方略。为解决日本自然灾害频发和城市人口老龄化的问题，日本企业加大对研究开发的投资力度，形成了具有鲜明

---

① http://www.gov.cn/zhuanti/2017-10/27/content_5234876.htm

特色的研究开发体系。日本建筑业中的研发体系不仅包括对新知识、新构思和新原理的开发，还包括对新的建筑设计和施工方案的试验和检验，以保证建筑物的安全性。从日本建筑企业的发展来看，其历程就是一个不断顺应时代变化的过程。

二、向一体化的产业链延伸

企业向产业链的上游和下游纵向一体化扩张，能够将产业链的各个环节纳入同一个经营体内，形成风险共担、利益共存、互惠互利、共同发展的经济利益共同体。[①] 法国万喜集团正是利用这种方式，发展成为世界顶级的建筑及工程服务企业。

法国万喜自2000年成为独立公司运营以来，进行了频繁的收购活动，成功地实现了业务多元化，市场区域逐渐由法国本土，向欧洲、美洲、非洲、亚洲等区域渗入，产业链向高利润环节转移。万喜在经营中采取的以产业链纵向延伸为核心的几大措施如下。

（1）采取成功的业务组合战略 。关键一点是通过业务组合战略，拓展业务领域，进行区域扩张。进入不同的业务领域，实现多元化经营，先后组建专门的子公司，占据了高速公路、机场、停车场等多个领域的运营商地位，逐步将业务拓展到资本投入较少、高附加值的服务领域，在运营、维修和服务等多个环节，为实现产业链纵向一体化奠定了基础，并进一步带动高附加值的设计、规划和资本运营的发展[②]。

（2）致力于向高附加值的业务转移。作为建筑行业，万喜和其他的公司一样，经历过在建筑、设计等投入大、回报率低、回报周期长的低附加值领域徘徊的阶段。为打破这种格局，万喜决定依托现有的资源，向附加值比较高的项目管理和运营方向转变。前期的工程建设由集团内部的建筑公司负责，项目管理和运营则由特许经营公司负责，这种转变有效提升了集团的投资回报。

（3）纵向一体化拓展。在纵向发展战略方面，在每一主业板块内部深化推进产业链纵向一体化。重点提升路桥领域的服务能力，包括设计、咨询、现场维护、冬季维护和紧急反应机制等各环节。在特许经营业务领域，瞄准资本投入较少、高附加值的服务领域，深化为客户提供多年的运营、维修和服务业务。依托民建、污水处理、景观美化、防水等技术优势，一方面承揽大额合同，另一方面还连带产生了大量小额合同，由此形成持

① 王跃平 . 产业链招商模式的完善与优化 [D]. 西南财经大学，2010.

② 刘小丹 . 解读法国万喜（Vinci）发展历程 [J]. 科技资讯，2016（4）：3.

续不断的业务基础。不仅如此，还采取新的策略，顺应国际化发展需要，致力于形成和发展高技术含量的运营和服务一体化的专业特长，纵深拓展建筑承包和能源业务领域①。

三、面向未来的全方位开放视角

在产业融合发展趋势越来越明朗的时代，全方位的开放整合已经成为企业发展转型的一大重要策略。三星集团正是依靠这种全方位的开放视角，由三星物产这样的建筑行业企业发展成为了全球著名的多行业、多元化企业。三星集团旗下子公司包含：三星电子、三星 SDI、三星 SDS、三星电机、三星康宁、三星网络、三星火灾、三星证券、三星物产、三星重工、三星工程、三星航空和三星生命②，业务几乎遍及韩国的每个角落。

三星集团的发展历程体现出多元化经营思想。这家韩国巨头几乎“占领”了消费者家中的每一个角落。从厨房到客厅，三星的产品可谓无处不在。在 2012 年的美国国际消费展上，三星参展的众多产品共获得 30 项创新奖。而在 2012 年的 iF 设计奖中，三星赢得 44 项令人垂涎的荣誉。iF 设计奖旨在表彰富有美感的工业设计。在《财富》杂志“最受尊敬的企业”名单中，三星排在英特尔、通用磨坊以及联合利华之前。三星的主要实力来源于电子产业。除电子产业外，三星集团的业务主要包括机械和重工业、化学工业、金融服务和物流等。旗下公司业务涉及电子设备、造船、精密化学、石油、保险、风险投资、酒店、医疗院、物业、福利院、经济研究等多个领域③。此外，三星在建筑方面也有一些享誉盛名的标志性建筑，三星的爱宝乐园号称韩国的迪斯尼，位居韩国第一，亚洲第四。由三星物产建造的吉隆坡双子塔是马来西亚首都吉隆坡的标志性城市景观之一，是目前世界上最高的双子楼。三星物产建造的迪拜哈利法塔为当前世界的第一高楼与人工构造物。此外，三星在军事、航空、酒店等领域都是佼佼者。

以上几大转型升级路径在不同程度上帮助企业取得了阶段性的成功，不同行业的企业有不同的发展特点。Z 企业在未来新型城镇化中应采取什么样的转型升级路径，需要进一步结合企业的内部情况与外部环境进行分析，找出适合 Z 企业发展的转型升级路径。

---

① 刘小丹 . 解读法国万喜（Vinci）发展历程 [J]. 科技资讯，2016（4）：3.

② 崔惠珍 . 中韩企业技术创新环境与创新战略比较研究 [D]. 哈尔滨工程大学，2012.

③ 崔惠珍 . 中韩企业技术创新环境与创新战略比较研究 [D]. 哈尔滨工程大学，2012.

第四节 Z企业城市更新战略实施规划

一、实施规划的背景

1. 城投公司成立的目的和Z企业的要求

Z企业成立城投公司的目的是，打造系统内新型城镇化业务的实践者和引领者。充分借势企业品牌效应，整合企业勘察设计、基础设施建设、建筑施工、地产开发运营、产业发展服务等纵向一体化全产业链优势，构建有“Z企业特色的新型城镇化Z企业模式”，打造“产城融合、智慧生态”的新型城镇化样板项目，并在全国复制推广。

城投公司是统筹Z企业新型城镇化业务和片区综合开发业务的平台公司。短期内通过带动施工总承包、地产开发和综合投资业务，来实现“四位一体”协同、一二三级联动；中长期内通过优质资源的持有及运营，实现资源集成和板块联动，为企业转型升级提供持续动力。在此基础上，带动产业投资、运营服务、金融创新等新业务板块，培养新型城镇化业务专业人才。

Z企业要求城投公司通过搭建资源整合平台，立足Z企业传统业务的基础，拉动建设承包和投资开发业务，促使新型城镇化业务进一步向现有产业链的顶部和下游延展，发展多类产业投资、综合运营服务、金融创新等新业务板块，逐步实现资源集成和板块联动，做到Z企业产业链的全覆盖，助力Z企业转型升级并成为城市整体服务商。

2. 城投公司在“十三五”时期取得的成绩

（1）组建平台公司，确定发展目标。

2017年上半年，按照Z企业关于新型城镇化业务发展的总体部署组建城投公司。城投公司作为经营实体可以开展咨询、策划、规划、设计服务及产业联营等独立核算业务，同时可以向Z企业借款，进行投资和“轻资产”运作。2018年初提出，成为国家新型城镇化建设的实践者和引领者的发展目标，并明确专业支撑实施策略。

（2）项目落地和融资支持。

上海重固项目、南京鼓楼项目和南京永宁项目签约落地，签订青岛、西安等5个项目框架协议，已带动土地储备，带动施工合同额增长。同时，积极探索投融资业务创新，搭建城镇化基金平台，降低融资成本。

（3）搭建产业平台，建立多元产业体系。

多渠道对接国内外优质企业，积极整合产业资源。着重积累园区开发类，农业类，文旅类，以及教育、医疗、养老配套类等四大类100余家优质资源，签订战略合作协议50余项。

（4）整合内外部资源，提炼新型城镇化模式。

在资源整合方面，与Z企业建造、投资、地产等三大板块的营销团队初步建立工作联系，已在多个项目的前期拓展阶段开始协同推进工作。围绕项目落地，以产业定位和产业资源导入为引领，开展了一系列策划、规划工作。探索研究农业、文旅、康养、产业园等四大产品线，已完成康养产业产品线方案的构建。按照产品线方案，持续整合高端产业资源，已与100多家资源单位建立合作关系。提炼Z企业新型城镇化模式，涉及全地域、全过程、全要素的工作内容的清晰梳理，组织、运行、考核体系基本健全，各类软课题和子项目的商业模式、盈利模式、融资方案、内外工作机制、资源保障、项目实施路径及业务开展标准化流程等的完善。

3. 城投公司存在的问题

（1）资源配置能力不足。

城投公司核心使命是通过新型城镇化业务，带动施工总承包、地产开发和综合投资等三大业务板块，使其向城市综合开发服务商转变。但是，城投公司作为Z企业的三级公司，职能定位受限，管辖关系复杂，业务衔接不畅，人才配备不够，并不具备相应的资源配置能力。

（2）项目推进受阻。

由于政策研究深度和时效不足，缺乏开展新型城镇化业务的知识储备和理论支撑，因此，城投公司在PPP项目政策不断收紧和规范的背景下，正在执行的项目和获取中的项目经常受到政策影响，谈判难、签约难、执行难，原有的新型城镇化PPP项目模式受到较大冲击。虽然平台化运作、资源整合的大方向已经明确，但是涉及内部资源联动、外部资源整合的合作模式与盈利模式还未成型。

（3）体制机制不健全。

城投公司正式运行以来，虽然组织体系和业务体系已基本建立，但是在业务流程、职能定位、岗位设置等方面暴露出一些问题，需要进行完善和优化。整体运行、外部合作、内部联动、薪酬绩效、人才机制有待进一步确立。

（4）人才配备不足。

城镇化业务投资大、周期长、开放协同、复合跨界，对行业、对Z

企业来说是一个全新的业务，涉及规划、建设、土地、产业、金融等领域，对从业人员要求较高，要懂政府、懂市场、懂政策。目前，公司有经验、有能力的工作人员缺口较大，尤其是涉及投资、产业、规划、法务等方面的人员和项目经理。城投公司项目的推进明显感到乏力、缓慢。

二、Z企业新型城镇化城市更新模式

Z 企业转型升级的核心焦点在城市。城市不仅对世界和我国发展具有巨大的牵引力，还是世界和我国未来发展的主体形态和主要空间载体。工业革命以来，世界各国的主要经济活动、人口和财富都聚集在城市，未来发展依然如此。立足城市未来发展趋势和市场需求，Z 企业实施新型城镇化战略的重要抓手是城市更新。城市更新并不只针对原有城市和城市老旧区的改造，它是站在城市未来发展的高度，从战术上“更换”城市硬件，从战略上“刷新”城市生活。Z 企业新型城镇化模式的核心构成是城市更新模式，它包括 4 个重要阶段，如图 9.5 所示。

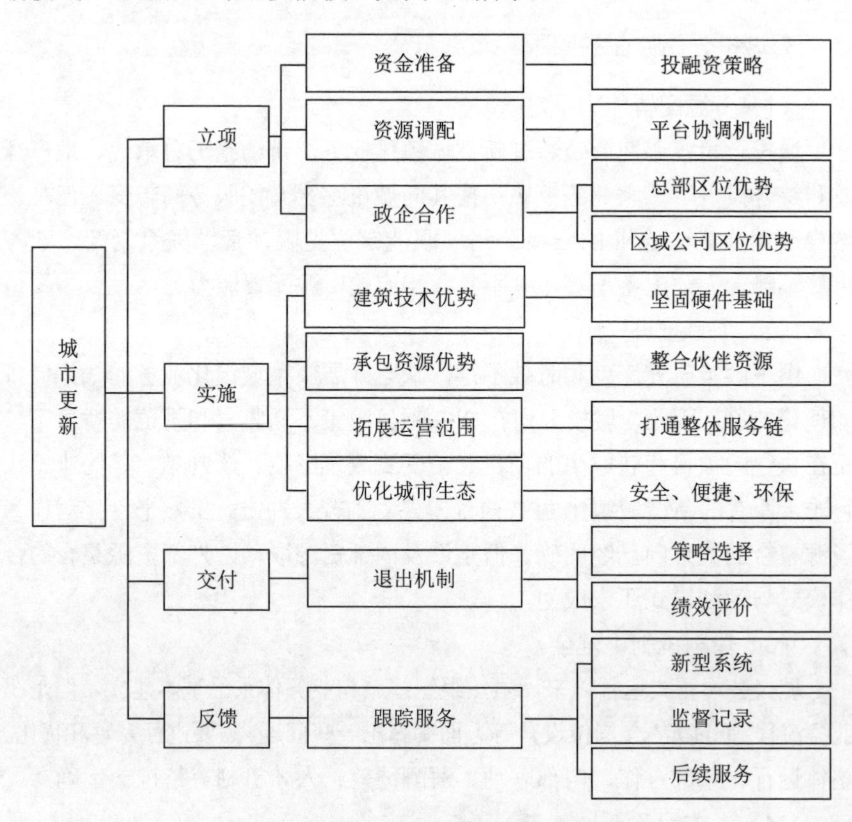

图 9.5　Z 企业新型城镇化城市更新模式

1. 立项阶段

主要通过优化投融资策略来做好资金准备，依靠建立平台协调机制来优化资源调配，充分利用总部区位优势和区域公司区位优势，建立良好的、长期的、稳定的政企合作关系。

（1）资金保障。城市更新项目立项的首要前提是做好资金准备，从预先评估到投融资策略，都需要由专业人才进行严格的论证和理性的选择。

（2）资源保障。城市更新项目立项的重要保障是优化资源配置，从产业链前端的设计、规划环节，到中间的开发、建设、投资环节，再到末端的运营、服务、咨询环节，都需要由新型城镇化平台协调企业各个层级、各个部门、各个项目之间的资源分配和使用。

（3）关系保障。城市更新项目立项的关键是与政府建立良好的合作关系。依据区域发展和市场局部战略，充分利用Z企业在上海的总部区位优势，与上海地方政府形成战略合作伙伴关系，紧密结合上海作为世界城市的国际性、现代性和先进性，把Z企业城市更新模式的产品和服务品质提升至世界领先水平。在此基础上，充分利用Z企业在各区域公司所在城市的区位优势，与各地政府建立良好、稳定的合作关系，形成“触角效应”，将Z企业城市更新模式的高品质和领先水平辐射到这些城市，从而在国内乃至国际城市更新市场上，形成核心竞争力。

2. 实施阶段

主要依靠Z企业的建筑技术优势来稳固城市更新的硬件基础，依托Z企业的工程承包优势整合合作伙伴和供应商资源，通过拓展运营范围来打通整体服务链，着力优化城市生态，为客户提供安全、便捷、环保的城市更新产品和服务。

（1）“更换”城市硬件的技术保障。Z企业作为世界顶级的建筑施工企业，在建筑技术方面拥有强大的优势，这种优势构成了Z企业城市更新模式的坚实基础，是Z企业城市更新模式“更换”城市硬件的根本保障。

（2）“刷新”城市生活的资源保障。Z企业作为最具国际竞争力的建筑工程承包企业，在行业内拥有众多合作伙伴和供应商，这些市场主体构成了Z企业城市更新模式的商业资源，是Z企业城市更新模式“刷新”城市生活的重要支撑。

（3）“城市整体服务商”的战略引导。Z企业城市更新模式必须朝着向“城市整体服务商”转型升级的战略目标，拓展运营范围，打造城市更新的整体服务链，改善城市生态，提供有品质的城市更新产品和服务。

3. 交付阶段

通过优化退出策略和合理的绩效评估，选择合适的退出机制。受财金〔2018〕23号文影响，对Z企业以PPP项目模式为主导的城市更新项目来说，其资本退出的时机、程度和选择方式都需要重新加以评估和选择。Z企业作为社会资本方，其资金退出需要依据城市更新项目的实际运营情况选择适当的退出路径，并根据子项目的特点，对各项目的资本退出路径及退出比例进行结构化选择。

4. 反馈阶段

启动跟踪服务机制，建立Z企业城市更新信息系统，对产品和服务实施有效监督，向客户提供后续服务。由于Z企业城市更新模式为客户提供高品质的产品和服务，所以，要求Z企业在交付阶段之后，建立有效的反馈机制。

（1）跟踪服务机制。要建立Z企业城市更新信息系统，首先要建立支撑Z企业城市更新模式的跟踪服务机制，形成Z企业城市更新模式的核心竞争力。

（2）后续服务。建立Z企业城市更新信息系统，还需对Z企业城市更新的产品和服务实现有效监督，落实城市整体服务商的角色转变，向客户提供后续服务，最大限度地延伸城市更新产业链，并创造价值。

5. 成本控制

在城市更新模式的形成和运行过程中，Z企业在各阶段都需要付出相应成本。Z企业结合政策条件、自身优势和外部资源，可以通过多种途径控制和降低成本。

（1）发挥规模效应。通过Z企业集团和Z企业项目的规模效应来控制城市更新模式的成本。北京、上海和深圳的城市化率已经达到86%以上，甚至一部分二线城市，其未来发展的空间需求主要依靠存量更新支持。Z企业市场布局所覆盖的区域城市更新项目在做大整体规模的同时，借助Z企业的市场竞争力和核心技术提升整体品质，在质、量两个维度上共同实现规模效应。

（2）整合Z企业内部资源。Z企业在城市更新项目中的优势是物业的开发建设，能够克服开发建设中的资金短缺问题。Z企业在城市更新拆迁、安置环节整合内部资源，凭借开发建设优势，以较低的成本形成优惠，吸引业主选择实物补偿安置，从而降低货币补偿比例，节约拆迁安置成本，减少资金占用规模，缩短资金占用周期。

（3）整合商业伙伴资源。整合 Z 企业供应商和合作伙伴资源。Z 企业在传统承包和建筑领域积累了强大的供应商和合作伙伴资源，在城市更新模式下，这些商业资源在 Z 企业核心技术的支撑和行业龙头的引领下，能够在资金、技术和市场之间形成良性循环，通过恰当的投融资策略，能够减少外部交易成本，并从总体上控制和降低城市更新模式的成本。

（4）加快周转。城市更新的主要价值来源有两种。一是在给定的空间里，把空间利用率和空间商业价值提升上去。二是突破给定空间，提高土地利用率。这两种城市更新价值的创造取向都可以通过加快周转来控制成本。Z 企业自身在工程和建筑领域的核心竞争力是加快周转的根基，整合内外部资金和投融资能力是加快周转的重要保障。

6. 收益实现

（1）内在逻辑。在收益方面，城市更新的主要投资模式是资金方整体购入有增值空间的物业，引入跨界资源对其再定位和重新改造，增加租金回报率，提升物业估值。部分物业运营成熟后，再通过资产证券化或出售的方式退出，从而获取资产增值收益。资本是城市更新项目得以不断升级优化的关键力量。

（2）不同阶段的侧重。从项目流程来看，项目前期的不确定性和风险较大，需要以债券的方式融资。当项目进入运营阶段后，可以统一链接资金、资产和跨行业资源，打通整体产业链。

（3）盈利的核心。盈利的核心在于通过物业升级吸引优质商户入驻，以提高租户出租率。同时优化商户组合，促进消费升级与租金之间的良性循环，让租金的现金流稳步提升。一旦实现现金流稳步提升，就可以通过资产证券化来获得流动性。资产证券化的基本逻辑是对租金的现金流进行折现，因此，提升物业租金是城市更新资本方的本质需求和高收益率的赋能因子。

7. 模式比较

（1）Z 企业鼓楼项目城市更新模式。在实践层面，Z 企业在南京市鼓楼区铁北片区城中村改造更新及产业发展项目中，已经开始探索城市更新模式。项目内容包括城中村改造更新及产业发展两部分。城中村改造更新包括城中村改造、保障房及配套市政工程建设及维护。产业发展包括幕府绿色小镇片区、金陵船厂片区、小市东街口片区的设施建设、运营维护及产业发展服务等内容。项目立足鼓楼区铁北片区发展的实际情况，力争系统打造全国旧城更新典范，实现生态环境、城市功能、城市品质的整体更新，达到“科技创新驱动、核心企业引领的产城融合新局面，绿水青山环绕、基础环境良好的自然和谐新生态，配套设施完善、人民安居乐业的美好生活新画卷”的目标。

（2）F 集团城市更新模式。较之 Z 企业实践，F 集团在城市更新领域，聚焦智慧城市并积极探索。F 集团作为智慧城市领域的智库及华为集团的战略合作伙伴，将智慧城市贯穿智慧建设、智慧发展、智慧运营和智慧管理的各个方面。提供智慧城市的系统解决方案，在运营过程中借助顶层设计，聚集产业、金融、科技、人才、数字经济、生态、交通、土地、制度创新等全要素，以制度创新，打通区域经济发展、城市建设标准、产业园区建设、产业集群构建、龙头企业、电商平台、终极消费者等 7 个层级，加强智慧建设管理、智慧城市管理，以及智慧产业体系建设。智慧城市商业模式需要投资运营与服务运营双轮驱动，城市规划、建设及运营有机结合，运用“产业 + 资本 + 大数据 + 空间”的新经济手段，打造新旧动能转换和智慧的生态示范区，最终增强智慧城市的自我造血机能，实现智慧城市的可持续发展。

三、Z企业实施城市更新战略的重点任务

1. 战略重组与平台提升

构建 Z 企业新型城镇化模式的首要任务是通过战略重组，提升新型城镇化平台层级至二级公司以上，确保平台直通 Z 企业集团和 Z 企业董事会，平台管理层进入 Z 企业高层或由高层直接派遣。就目前情况来看，由于城投平台公司层级过低，所以，Z 企业新型城镇化项目建设与开展新型城镇化业务之间存在 3 个主要矛盾。

（1）Z 企业对新型城镇化有认识高度但没有形成发展合力。Z 企业内部在观念上和文化上，围绕新型城镇化的项目拓展和业务发展尚未形成共识和凝聚力，难以对发展新型城镇化项目形成明确、统一、科学的指导意见。

（2）Z 企业开展新型城镇化项目有资源条件但没有形成发展优势。Z 企业作为建筑优势企业，虽然构成了开展新型城镇化业务的重要资源，但不能把建筑企业的优势等同于企业开展新型城镇化项目的优势。同时，城投公司未能将 Z 企业资源优势转化为新型城镇化的市场拓展和业务发展的优势。

（3）Z 企业有平台但不具备资源配置能力，在吸纳人才和积累智力资本方面更是乏力。新型城镇化最核心的是地方政府顶层设计和资源配置，未来城市的发展一定是通过政府跟企业合作，搭建平台、整合资源来实现。企业通过这个合作平台为政府提供策划。策划最根本的要求是“定位准、眼界高、可落实”。城投公司尚且存在很大差距。

为此，Z 企业战略重组提升新型城镇化平台要从以下 3 个方面着力。一是认知层面。公司透过平台对新型城镇化的市场拓展和业务发展形成共识，从而在观念上和文化上形成凝聚力。二是业务层面。公司以平台为载体将资源转化为优势，从而在市场上强化竞争力。三是管理层面。公司通过平台吸纳人才和积累智力资本，从而在行业中享有可持续的内生发展动力。这一基础性条件决定了更高层级的新型城镇化平台应当是中枢型的，而非末梢型的。Z 企业亟须将现有的“末梢型”城投公司转变为“中枢型”新型城镇化平台，夯实资源配置能力的基础。

2. 整合资源与发挥优势

（1）整合企业内部资源。

①完善组织体系。

其一，加强城投公司内部项目的拓展管理体系。目前，公司的项目拓展工作由投资发展部负责牵头组织，但力量比较薄弱，项目价值研判、商业模式设计、投资测算、资源整合、方案编制、招投标组织等专业人才还需要大力充实，总体上项目拓展的专业支撑团队和标准化流程及模块的集成系统还需要强化。

其二，建立项目拓展的联动机制。城投公司、Z 企业投资发展公司、Z 企业相关施工单位等系统内部缺乏联动机制，集团优势尚未充分发挥。因为，依托项目建立高效的企业内部联动机制是整合企业内部资源的重要途径。

其三，明确部门职能定位，促进分工协作。城投公司初步搭建了组织管理体系，明确了各层级的管理职能及部门职责分工，能够基本满足公司业务实施的工作要求。但是，随着业务的持续推进和项目的拓展，一方面，领导管理分工不明晰、沟通渠道不通畅、决策效率低下等问题存在；另一方面，还存在部门职能分工不清晰、部门间专业交叉多、部门业务模块前后衔接不紧密等现象，对公司的各项业务开展均形成了不同程度的制约。

②建立合理的利益分配机制。

新型城镇化项目是一个复杂体系，新型城镇化平台要将设计、规划、建设、投资和运营等环节贯通起来，多兵种联合作战，发挥各自优势，形成整体作战能力，但前提是要建立合理的利益分配机制。专业的人做专业的事，谁的利益归谁。城投公司需要针对新型城镇化业务划定工作界面和明确绩效考核制度。

③突破人才短缺瓶颈。

城投公司通过社会招聘、Z企业系统内部调入、校园招聘等多种渠道招聘人才。截至2017年底，公司员工总人数达到138人。全年共招聘98人，其中博士1人，硕士研究生27人，“985”“211”重点院校本科学历67人。但是，现阶段的人员规模和结构依然难以满足开展新型城镇化项目和未来发展的需求，规划策划、融投资、法务商务、产业规划及招商运营等领域的专业人员还较缺乏。同时懂政府、懂市场、懂规划、懂金融、懂战略、懂全球化的有系统性思考力的城市发展人才还是缺位。显然，在现有组织架构和资源配置能力约束下，城投公司尚不具备对所需人才的吸引力。因此，突破人才短缺瓶颈迫在眉睫。

（2）整合企业外部资源。

①联盟合作伙伴。基于Z企业在建筑行业的核心竞争力，并通过积极创建战略合作联盟，在行业组织、政府机构、产业机构、金融机构、技术机构、咨询机构、建设机构和国际组织之间形成优势互补。在尊重客观发展规律的基础上，提高城市发展的全局性、统筹性、系统性、持续性、宜居性，推动城乡统筹与区域协调发展。联盟从城市发展、城市建设、城市运营、城市管理等几个方面开展工作。构建城市科学发展的国家级智库；打造成为“城市间信息交流”的纽带和桥梁；建立“智库＋资本＋产业孵化器＋系统解决方案”的城市发展平台，为城市提供系统解决方案。致力为城市发现需求、创造需求，发现价值、创造价值，从需求端入手，实现城市供给侧改革的升级，由原来的资源驱动型发展向战略驱动型和创新驱动型发展，提高城市的运营效率和效能，提升城市发展新动力。

②创新企业与政府合作。新型城镇化业务需要多方合作、抱团发展。为了更好地服务城市发展，城投公司应当成立“城市发展联盟”，整合地方政府、城镇发展规划建设相关单位、企事业单位、专家学者、产业企业、金融机构等社会资源。建立“平台＋智库＋资本＋产业孵化器＋系统解决方案”的合作体系，实现产业生态系统和价值链、产业链的重构。

Z企业总部紧紧把握上海这个现代化、国际化大都市的先进性和优越性，与上海市政府及其所属区县政府建立长期、稳定、良好的合作关系。巩固分公司与各地政府的合作关系。同时，依据“东中西部”依次拓展的区域发展战略，积极布局并有效发挥各区域公司的触角作用，形成以上海为核心，以济南和北京为重要抓手，以中西部为拓展的涵盖数十个城市政府在内的政企合作网络。

另外，以城市更新领域为例，可以借鉴英国本地资产支持载体的创新型中长期政企合作模式，布鲁金斯研究所将其称为“耐心资本”。政府和企业共同创立一个独立的法律实体，政府注入以土地为代表的不动产，企业根据不动产估值注入同等价值的现金资本，双方的资本注入构成了新的合资企业资产，双方各控股50%，利润平分，并在合作之初界定清楚双方的退出机制。这种合作模式比一般的PPP项目模式更专注于城市社区的开发或重建。

3. 研究政策与盘活资产

（1）把握新型城镇化项目融资的政策导向。

在国企改革和混合所有制改革的大背景下，中共中央国务院印发了《关于深化国有企业改革的指导意见》，出台了一系列配套文件，形成了“1+N”的政策体系。在此政策环境下，城投公司在对自有资金和合作资金加以运作的同时，开拓新型城镇化项目和发展新型城镇化业务还需要重视引入社会资本，通过股权多元化，更加有效地运作内外部资金，提高新型城镇化的业务收益。以资金为载体，增强Z企业新型城镇化平台的合作力，支持战略联盟和产业融合的发展。

有效利用社会资本有助于打通新的资本金融资渠道。在各项影响PPP项目资本金融资的政策规定相继出台后，原有通过搭结构、绕监管的产业基金融资路径已走不通。鉴于PPP项目股权投资具有期限长、流动性差及收益在时间上的不均衡等特征，与资管产品的期限性、流动性、风险性、收益性等要求存在矛盾，新型城镇化PPP项目资本金融资主要包括以下几种有效途径。其一是转变观念，将“资本金投资”转变为“资本金融资”。提倡真“股权投资”，提高项目筛选评判的能力，选择较高收益率的项目，从而吸引投资者的参与。其二是创新产业基金投资PPP项目的资本金方式。在依法合规的前提下，尝试产业基金通过可转债和优先股的方式投资PPP项目公司资本金。其三是尝试建筑类企业共同组建产业基金。合作组建产业基金，引入金融机构、建筑产业链的上、下游企业作为合格投资人，风险共担，收益共享。其四是建立专业的基础设施投资基金管理公司。培养PPP项目投资运作、后期运营管理、资金募集和运用金融工具等方面的复合型人才。

（2）优化市场布局。

依据国内区域的发展水平、国家区域的发展战略和“一带一路”的发展战略，优化市场布局，以总部所在地上海为核心，以经济最发达的长三角地区和粤港澳大湾区为重点，以北京首都所在的京津冀地区和山东省为抓手，向福建、安徽、湖南、广西、海南等省与武汉、成都和重庆等城市拓展。

①顺应国家东中西部区域发展战略，以市场容量居首的东部地区为重点，发挥总部所在地上海的优势效应，带动Z企业在全球化和现代化的城市整体服务市场上站稳脚跟。

②把握经济最发达的长三角地区和粤港澳大湾区，依托江苏、浙江两省和广州、深圳、香港、澳门四市、行政区的先进性和开放性，推动Z企业在全球化和现代化的城市整体服务市场上大步向前。

③稳固京津冀地区和山东省两个抓手，依托北京首都的地位和影响力，获取更多的行政力配置资源，强化Z企业在山东的竞争力和影响力。

④占领福建厦漳泉城市群的城市整体服务市场先机，辐射台湾，为祖国统一做贡献。

⑤拓展布局至湖南省的长珠潭城市群、安徽省的合肥、芜湖、安庆城市群、江西省的南昌、九江城市群，以及海南省和辐射东盟的广西自治区北部湾等。

⑥立足中部武汉城市圈和西部成渝城市群，进一步向全国市场拓展。

⑦紧随“一带一路”倡议，瞄准发达市场，选择政治和司法体系相对公正透明、经济实力强大、适合发挥Z企业海外竞争优势的国家和地区，布局海外市场，壮大企业实力，同时为我国争取更多的全球伙伴。

4. 资金运作和资产配置

（1）重资产，树品牌。

Z企业拥有规模庞大的存量重资产，运营重资产最重要的是树立品牌。品牌建设有其内在规律，只有任何企业都遵守，才能用最少的资源和投入，获得最大的品牌溢价。建筑企业的品牌整合运营是品牌战略的执行过程，其要点包括三方面。其一，投资于专家品牌。我国建筑市场如此之大，企业的品牌能力又普遍处于较低水平，因此，向细分市场进发，建立竞争壁垒，占领细分市场的全国最大份额，将是最有优势的竞争策略[①]。随着市场化程度的提高，品牌价值将会愈发超过特级资质牌照的价值。细分市场的机会包括住宅建造专家、庭院建造专家、围护结构专家、基础工程专家、

① 杨明宝. 品牌建设的几个误区 [J]. 施工企业管理，2013（6）：17-18.

隧道专家、桥梁专家、景观建造专家、酒店装饰专家等，最重要的是捷足先登。其二，品牌传播。单纯罗列特级资质牌照很难为品牌传播加分，因为客户需要的是专业和细分领域的最佳，而不是全能[①]。Z 企业修建了许多顶级建筑，这本身就是巨大的广告资源，如能善用，则能产生巨大的经济效用。特别是在互联网时代，只要让产品成为自媒体，建筑企业就找到了最好的传播载体。其三，文化重塑。树立全国性、国际化、开放包容的大品牌。

（2）轻资产，做拓展。

Z 企业拥有潜力巨大的轻资产。运营轻资产最重要的是奠定数据库基础。项目管理的各条线不能及时准确地获取项目核心数据，是当前建筑业项目管理的困境所在，也是几十年来建筑业生产力难以提升的根本原因之一。基础数据库是解决这个关键问题的信息化系统，是基础数据创建、积累、存取、共享、协同的支撑平台，为实物量、价格、企业定额（消耗量指标）等关键基础数据建立关联工程数据库，[②]将给Z企业带来突破性进展。

① 杨明宝 . 中国建筑业 2017 年机遇与挑战 [J]. 建筑，2017（3）：4.

② 杨明宝 . 信息化路径探索与实践系列之四：海量数据库多维构筑 [J]. 施工企业管理，2011（4）：77-78.

第十章　城市更新治理能力提升与对策

第一节　城市更新治理的挑战：百万庄案例

一、北京市百万庄老旧小区改造背景

北京中心城区存在诸多历史遗留建筑，在一定程度上成为了城市更新的阻碍。其中既有古建名胜，也有工业化过程中遗留下的老旧小区。前者的修缮保护受到了广泛关注，而承担着居民日常居住功能的老旧小区，却往往被忽视。所谓老旧小区，主要指建设的设施设备、功能配套明显低于现行标准，且没有建立长效管理机制的小区。“十二五”期间，北京市政府将老旧小区确定为1990年之前建成的小区。截至2016年底，市住宅总面积约51 250万平方米，其中1990年以前建成的约6 950万平方米、128万套；1990年以后建成的约44 300万平方米、436万套[①]。据此计算，老旧社区房屋套数占到住宅总套数的近1/5。当前，老旧社区普遍存在土地使用率低、房屋质量差的问题。并且由于缺乏完善的管理监督机制，小区内部存在着诸如违章私搭建筑、配套设施被占、市政设施无人修理等严重问题。与此同时，伴随着井喷式的城市建设扩张及新增土地的边际效益递减，导致土地紧缩成为发达地区发展在资源方面的瓶颈性问题。从上述问题可以发现，针对老旧小区开展城市更新，不仅有利于居民的条件改善，而且有利于城市容纳人口的能力提升，从而提升城市化质量。

二、百万庄旧城小区改造基本情况复杂

百万庄大街B院（以下简称“B院”）隶属于北京市西城区Z街道的D社区。Z街道位于西城区西北部，辖区面积5.87平方千米，街巷、胡同34条。户籍人口14.9万人，常住人口15.3万人，流动人口2.7万人。Z街道作为北京老城的“旧区”，在两方面具有较强的代表性。

一方面，Z街道是一个典型的老旧小区集中地，在其下设的22个社

① 关于“加强老旧小区管理和基础设施改造，改善居民居住条件”议案办理情况的报告。见 http://www.bjrd.gov.cn/zt/cwhzt1431/hywj/201707/t20170714_174708.html

区中，就有包含D社区在内的9个老旧小区。这些小区建成年代久远，表现为单位大院、楼房 - 平房混合等多种形态，土地使用效率较低。

另一方面，同诸多“旧区”一样，Z街道人口老龄化问题严重。全国第六次人口普查数据显示，2010年全国65岁及以上人口占总人口的比重为8.87%，北京市该比重则为8.71%。而根据公布数据计算得到，Z街道这一水平已达13.6%，超出北京市平均水平56.1%。这两点特性，无疑为百万庄大街B院15年更新改造长路奠定了艰难的基调。

百万庄大街B院始建于20世纪50年代，毗邻西二环，约有370套住宅。1958年，甲、乙两栋楼首先落成，住户主要为北京市H局职工；1962年以后，于西侧盖起了硬件条件较好的丙、丁楼（干部楼）。后为容纳更多的单位工人，又于东、南加盖了三栋（戊、己、庚）硬件条件一般的楼房。楼房之间还分布着平房区，至此形成了“楼房—平房”半包围布局，如图10.1所示。从空间属性上看，B院具有“楼房—平房”混合的特点；从社会属性上看，B院是典型的单位大院，其住户单位身份的不同导致B院形成了较为复杂的邻里关系结构。

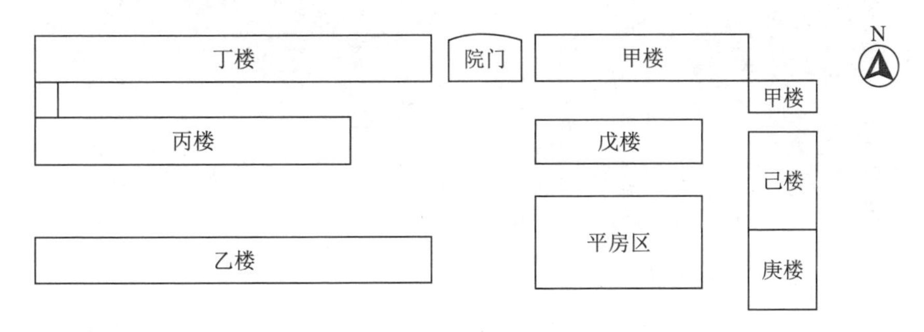

图10.1　百万庄大街B院建成时的社区平面图

1984年，北京市H局改为H总公司①，随着单位的改制，B院也逐渐“去单位化”。2003年，B院的土地使用权被H总公司转让给Y房地产公司，自此B院开始了长达15年的改造之路。然而直到2018年3月15日，西城区房屋管理局下达文件②批示B院拆迁工作停止，B院的更新工作仍无实质进展。

① 参考来源：《关于贯彻执行北京市市级党政机关机构改革方案的通知》。

② 参考来源：《北京市西城区房屋管理局关于停止B院住宅楼项目拆迁工作的函》。

三、百万庄B院改造的显性问题和隐性矛盾

B 院的显性问题主要表现在以下 3 个方面。其一，房屋年久失修，基础设施短缺，导致居住条件不断恶化。例如，供暖与给排水系统常出现问题；楼房墙面漆层多已脱落；小区内道路失修；整体环境较差等。其二，B 院内私搭乱建的违章建筑较多，且长时间未得到有效整治。这些建筑不仅影响了小区的整体面貌，而且造成了巨大的安全隐患。2019 年春节期间，私搭违章建筑的电源短路导致平房一带发生了火灾事故。其三，B 院内的居民生活垃圾几乎无人清理，车辆停放混乱，严重影响了居民的生活质量，如图 10.2 所示。

图 10.2　B 院私搭乱建的建筑和无人处理的垃圾

以上三点共同揭示出一个重要问题——物业服务的缺位。B 院始建的时候没有物业，只有一个锅炉房需要后勤维持，其运转由 H 局负责。单位体制改革以后，H 总公司在市场化浪潮中受到冲击，无力承担 B 院的后勤费用。由于失去了单位资金的稳定供给，原有的锅炉房在更名为“YR 物业公司”之后，纵容院里形成拆墙打洞的商铺与私搭乱建的违章建筑，默许外部车辆随意进入，并通过向其收取管理费和停车费的方式获利。加之 B 院 15 年来又一直在拆迁的进程中，社区对物业缺少应有的监督，YR 物业公司对供暖等本职工作的完成质量堪忧。

然而，更为耐人寻味的是 B 院的隐性矛盾，即居民与开发商拆迁立场不同。B 院作为 20 世纪 50 年代兴建的单位大院，在承担了几十年的居住功能之后已经严重老化，亟待进行硬件设施与配套服务的更新，但在拆迁过程中，拆迁公司在 15 年内都未能采取有效行动，而 B 院居民对拆迁

的态度，则形成了支持与反对的不同立场。无论是开发商与居民之间，还是居民与居民之间，都存在着强烈的矛盾冲突。

2018 年 3 月 15 日，西城区房屋管理局下达《北京市西城区房屋管理局关于停止 B 院住宅楼项目拆迁工作的函》，批示 B 院拆迁工作停止。一方面，如今的 B 院在四周高层建筑的森林里已经是一个醒目的凹坑，越来越低的居住率、糟糕的生活环境让越来越多的 B 院居民感受到“新生”的急迫性；另一方面，开发商与居民、居民与居民之间，在社区内的长期对峙让 B 院难以安居，长达 15 年的改造博弈将城市社区本应具备的居住功效消磨殆尽。

四、对比案例：北京市百万庄北里的成功改造

在 B 院深陷拆迁泥淖时，与 B 院相距不远的百万庄北里，却在政府主导下高效完成了拆迁，于 2017 年实现了老旧居民区的成功更新。

北里所在的百万庄西社区，同样有多栋建于新中国成立初的老楼及 1969 年修建地铁 1 号线时建造的简易周转楼。居住 40 多年后，由于“超期服役”，这些简易楼的地基下沉、电线老旧、市政设施老化，以及冬天仍依赖煤炉取暖。不少居民仍住在 10 平方米的小屋中，没有独立卫生间，生活十分不便。

2011 年 5 月，时任西城区委书记带队调研，决定将改善百万庄西社区居民的生活质量作为西城区的重点民生工程。2011 年 6 月，市领导来到百万庄西社区，西城区将社区情况向市领导汇报，表达了改善西城区居民生活状况的决心并获认可。2012 年，百万庄地区简易楼的改造事宜被正式提上了西城区委、区政府的议事日程。2013 年 6 月，项目筹备工作组正式成立，全区抽调干部入驻百万庄西社区，进行摸底调查。2014 年 1 月，西城区百万庄北里棚户区改造率先启动，成为北京市中心城区启动的首个棚户区改造项目。项目共计划完成 1 200 户居民搬迁。居民可以选择回迁，也可选择外迁[①]。2017 年底，北里棚户区改造项目一期工程“百万佳苑”完工。

北里改造项目除受到市、区党政的密切关注外，也得到了金融机构的大力支持，市政府与国家开发银行签署了《加快推动北京新型城镇化建设战略合作框架协议》。随后，西城区成为首个与国开行北京分行签署战略合作备忘录的区县，百万庄北里棚户区改造项目也得到了国开行的支持。农行北京市分行也创新了专属棚户区改造的信贷管理办法，率

① 西城区在回龙观融泽嘉园为北里项目拆迁居民提供了部分定向安置房源。

先完成了石景山西井棚户区改造项目、西城百万庄北里项目的审批，以助力旧区改造。

五、破解B院改造难题的思考

以演化博弈论[①]的视角梳理B院案例，如图10.3所示。可以发现，B院居民与开发商的“矛盾激化—合作破裂”过程，是以信任缺失为重要影响变量的演化博弈过程。政府与开发商之间存在着信息不对称。Y公司在2003年首次进入B院时，我国对房地产开发企业的监管法规尚不完善。开发商在进行风险与收益的考量之后，便有动机为了高额利润而选择“不开发”。居民处于信息不对称中的劣势方，对Y公司的意图判断具有盲目的特点。因此，在拆迁立场方面，居民多根据自身的经济情况与更换居住条件的急迫性做出同意或反对的决策。

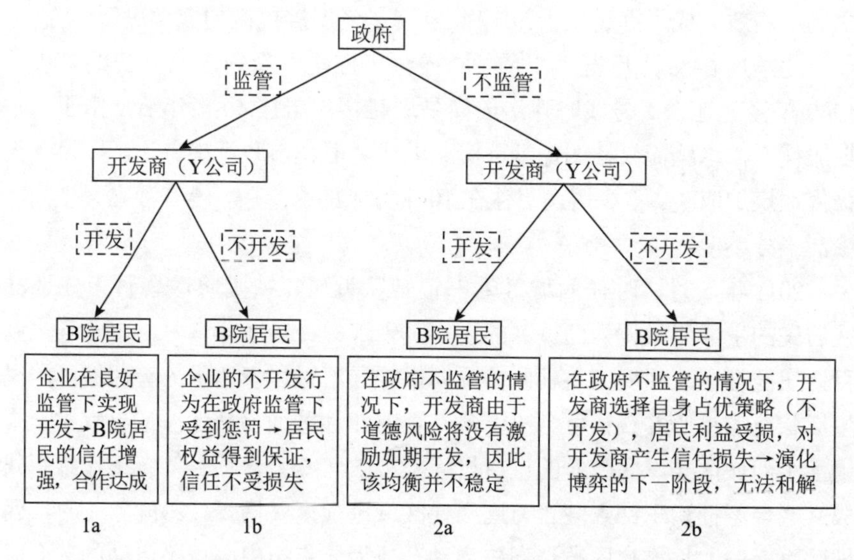

图10.3　演化博弈论模型下的“政府—开发商—居民”博弈关系

然而随着Y公司进驻B院时间的增长，B院居民对Y公司资质的怀疑不断增强。但Y公司却将部分居民的不配合作为延迟开发的理由，进一步延迟开发，这使得B院中的反对派人数上升，反对派愈发不让步，

① 演化博弈认为，个体间博弈选择与博弈环境及其变化直接相关并互相影响。在完全信息动态博弈中，参与者的一次行动就形成一个博弈阶段，而演化博弈通常具有多次的博弈过程。社会信任会显著影响演化博弈过程。社会信任是一个广泛的概念，它包含几乎所有公共层面的信任关系，具体包括人际信任、组织信任、政府信任、制度信任等。在演化博弈中，由于信息不对称，处于信息劣势的一方的策略往往是盲目的，并因利益受损而导致自身社会信任的损失。而且，信任损失将影响个体下一步的博弈选择。

双方矛盾不断升级。且由于居民对Y公司的信任丧失，随着拖延时间的加长，居民的反对性博弈选择愈发僵化。即不论Y公司是否会在政府监管不断完善的情况下改变开发行为，反对派居民都不会选择相信Y公司。至此，演化博弈形成了“居民—开发商”无法和解的博弈均衡解，如图10.3中的2b所示。长期来看，这种均衡带来的是居民、开发商及社会利益的“多输”结局：居民长期难以实现居住条件的改善；开发商名誉受损，拆迁进展困难，且在政府监管政策完善后面临被查处的风险[①]；老旧小区面貌严重损害城市的形象与职能发挥。

通过政策工具破解B院改造的困境，需要从克服信息不对称进而建立社会信任着手。

第一，针对商业拆迁中的信息不对称问题，需要相应的公共政策来有效防范市场失灵与道德风险：一是在解决房地产开发商的道德风险问题时，应加强商业拆迁开发商的准入审核机制，筛选出信用优良、资质具备的房地产开发机构；二是完善开发商企业的信用体系，对拆迁实施者进行资信评估并定期公开；三是及时监控闲置土地的存量与开工情况，多渠道监管房地产企业的持地牟利行为；四是建立失信开发商“黑名单”，出台有效惩罚机制并确保其正常运行。

第二，针对B院拆迁中的居民内部意见冲突无人调和、无门反映的问题，应着手建立相应规范，以打通居民意见反映渠道，重建社会信任。一是针对“议行分设”实施中暴露出的基层自治实际组织者缺失的问题，在梳理居委会职能的前提下，通过常态化的沟通机制重建居委会与社区居民的联系渠道。二是建立适度、长效化的激励机制，使居委会更好地发挥其联系群众、调解矛盾的职责。三是建立自下而上的居委会职能评价体系，给群众评价权力，以监督居委会发挥应有职能。

从政府主导下百万庄北里成功改造的案例中，可以总结出以下几点经验。其一，西城区将改造项目列入重点民生工程，多次进行实地调研，较强的拆迁决心树立了居民信任。其二，百万庄北里改造项目受到国开行、农行等多家金融机构的资金支持，使得完工承诺具有了可靠保障。其三，从全区抽调干部到社区进行摸底调查，专门设置工作组调解拆迁中可能出现的矛盾，实现了民意反映渠道的畅通。

---

① 《国土资源部关于严格建设用地管理 促进批而未用土地利用的通知》中指出：“对取得土地后满2年未动工的建设项目用地，应依照闲置土地的处置政策依法处置，促进尽快利用”；“重点对土地利用规划和计划执行、土地审批及土地征收、土地供应、项目用地开发利用等情况进行动态监管，切实预防和防止未批即用、批而未征、征而未供、供而未用等现象的发生。”

第二节 城市更新治理能力提升的三个维度

一、经济维度

提升城市更新治理能力的首要条件是居住条件、居住成本和居民收入等经济基础维度的条件。以北京市棚户区改造的实践为例，南锣鼓巷和大栅栏通过外迁腾退、平移换产、定向安置、平移并院等方式解决了重塑棚户新区社会空间的经济难题。

1. 南锣鼓巷的重要经验

（1） 外迁腾退。制定具有较强吸引力的货币补偿、对接安置房等政策，鼓励居民通过外迁腾退改善居住条件。特别值得注意的是，在货币补偿上，东城区没有“一刀切”，而是以试点评估价对腾退房屋进行评估补偿。此外，对于直管公房，首先通过房改将其转变为私房进行货币补偿，然后将安置房以保障房的统一定价出售给居民。由于直管公房承租人通过腾退直接拥有了完全产权的安置房，因此腾退积极性很高。

（2）平移换产。满足部分居民留住中心城区的意愿，同时鼓励居民迁出历史文化保护区，适度改善居住条件。这样有利于院落整合后的整体利用，有利于多种所有权混合院的产权整合和平房院落的后期管理。

2. 大栅栏地区的重要经验

（1）定向安置。为实现人口疏解这一目标，对于选择到城市新区落户居住的居民和商户来说，政府提供面积和户型更具吸引力的定向安置房源，并为居民和商户的定居和经商提供相应的便利服务。对于选择腾退的居民来说，结合项目所在地区安置房源的区域位置和周边配套环境，综合确定安置房源的补偿系数，并结合腾退居民的家庭情况，进行户型和面积的科学配置。对于选择腾退的个体户来说，在综合考虑原有商铺房屋的产权情况、营业面积和营业收益的基础上，在定向安置房的周边区域进行补偿安置。

（2）平移并院。主要针对居住在直管公房中的居民，通过将院落中选择留住的居民平移到大栅栏地区其他院落中居住的方式，完成整个院落全部房屋的腾退，以便实现院落的整体改造和利用。在实施过程中，通过给予平移居民一定面积的方式鼓励其搬离原来院落，实现居住条件的小幅改善。增加的面积约为原面积的五分之一。

3. 加强人口疏解与平房区保护修缮力度

（1）解决好对接房的安置问题。其一，高标准建设对接安置房，多途径筹集保障房源。可尝试采取与市保障房建设投资中心、企业等合作的方式来筹措对接房源，简化相关手续，缩短时间，寻求地理位置好、周边配套齐全的优质区位安置疏解居民。其二，加快安置房源周边配套服务设施的建设。在人口疏解对接安置地区配套建设幼儿园、学校和卫生医疗机构，解决外迁居民的后顾之忧。积极发展商务办公、商业服务、文化娱乐、城市居住等综合功能，提升公共服务和配套服务设施的品质，运用市场的吸引力量促进人口向外疏解。

（2）合理引导居民预期。由市住建委牵头，会同国土局等部门对现有棚户区改造政策进行系统梳理，加强腾退安置补偿水平的调控与平衡，建立信息查询系统和发布平台，加大宣传力度，确保信息公开透明，合理引导居民形成公平的外迁补偿预期。特别是在棚户区改造过程中，要“腾退一户、公布一户”，将补偿和安置情况动态发布，避免“暗箱操作”和“胡乱猜忌”，一条标准贯彻到底，彻底打消居民的观望情绪和不合理要求。

（3）加大对私房产权人的补偿力度。对于选择外迁的私房产权人，适当提高货币补偿标准，注重对私房土地使用权进行补偿，做好房地产的认证和价格评估，并鼓励通过产权置换、入股经营等方式进行疏解。对于留住私房产权人，鼓励其平移置换改善居住条件，以实现政府对整院落的保护修缮和开发利用。此外，可尝试将已外迁的私房产权人的房屋在拆除违法建筑后，以腾退成本价出售给本院落其他有资金实力的私房产权人，逐步恢复原有的平房院落居住格局和社会生态。

（4）持续加大对低端产业的清理整治。充分对接新一轮的首都功能疏解，通过产业和经济活动的疏解带动人口外迁。例如提高大栅栏地区的业态准入门槛，从根本上减少外来人口对低端业态的依赖。

二、环境维度

提升城市更新治理能力的重要条件是基础设施、配套服务、街区品质等环境维度的跃升。结合白塔寺、南锣鼓巷棚户区改造实践，平房厨卫空间的功能性改造、社区公共活动空间和停车位的扩建，以及整体环境整治，对重塑棚户新区社会空间奠定了重要的物质基础。

1. 白塔寺的重要经验

白塔寺推行“平房成套化”试点。2018 年，在居民自愿拆除院内违建的前提下，通过两种方式对平房进行改造，以满足成套化需要。一种是因地制宜地将平房直接开辟出客厅、卧室、厨房、卫生间等功能空间。另一种是在平房内配备厨房，在院内设置移动公厕装置并配备淋浴设施。居民可以根据每个院落和每个家庭的实际情况选择任意一种“成套化”的改造方案。

2. 南锣鼓巷的重要经验

（1）整院搬迁。采取征收和腾退的方式实施整院搬迁。整理出的完整院落作为公益设施对公众开放，另利用一些具备条件的院落开发地下空间，建设社区活动广场、停车场等公共设施。

（2）部分搬迁。针对整院搬迁有困难的院落实施部分搬迁，外迁腾退出的房屋用于平移安置，同时进行院落整体修缮，增加厨卫等功能设施。

（3）改善环境。针对房屋质量较好、风貌协调，且不涉及居民搬迁的院落，通过拆除院内违法建筑、引入市政基础设施等方法，达到增加功能和改善院落环境的目标。

（4）就地留住政策。本着“就地改造、适度疏解、逐步改善”的方针，针对就地留住的居民，在保持原居住面积不变的前提下，合理利用空间改善居住条件，增加厨卫等设施，全面整治环境。

（5）街区管理政策。制定、完善相应的街区管理政策，通过协商共治的方式保护好街区风貌。

3. 全面推行院落和街巷精细化管理

（1）加大院内违法建筑的清理整治力度。其一，对照卫星图和产权登记底账，全面摸排院内的各类违法建筑的建设年代、占地面积、建筑结构、施工材料、功能用途等基本信息，建立详细的违法建筑工作台账。其二，分情况、分类别对违法建筑进行拆除，对于存在严重安全隐患和用于经营获利的违法建筑一律拆除；对于居民为满足自身做饭、洗浴等基本生活需要的违法建筑，探索院落的“成套化”改造方案，运用已腾退的房屋补足功能设施，建设共享厨房、共享浴室，有偿地提供居民使用；对于因历史原因采用“推、接、扩”等方式搭建的且长期有人居住的自建房，可在自愿拆除自建房、配租公租房的基础上给予一定奖励。此外，增加平移置换的吸引力，大幅增加置换房屋的使用面积，优化居住条件和院落环境。

（2）合理利用拆违后的闲置公共空间。对于违法建筑拆除后恢复的公共空间，可通过院内绿化、安置休闲长椅、搭建自行车棚等方式进行有效利用。一方面防止违法建筑“死灰复燃”，另一方面美化院落环境，方便居民日常生活。

（3）加快制定平房区院落和街巷的物业管理细化方案。强化政府购买服务，继续研究准物业公司的管理地域和职责范围，建立平房区物业管理的工作标准体系，实现环卫保洁、绿化养护、交通疏导、秩序维护、安全防范、设施巡查等物业管理服务全覆盖，推出个性化的“点对点”进院登门式定制服务。开通24小时物业客服电话，记录居民的生活需求。此外，落实物业的企业准入、退出机制，优化地区街道办事处对物业服务的考核方式，对考核优秀的物业可继续获得政府购买服务，未达标的可终止服务资格。

（4）探索老城街巷胡同的动静态交通管理。其一，扩大步行空间范围，划定机动车禁停禁行的重点区域、重点街巷胡同，建构起完整的步行与自行车网络，完成对机动车的驱逐。其二，挖掘停车资源，与交通部门配合，在有条件的胡同实行单停单行；鼓励有条件的驻街单位对外开放停车资源；挖掘地下空间，开发地下停车场。

4. 大力提升老龄与弱势群体的服务保障水平

（1）持续对棚户区改造弱势群体进行帮扶救助。充分重视低保、残疾等弱势群体的合理需求，进行有效救助，防止因棚户区改造致贫或生活质量下降。其一，尝试采购征集离老城棚户区较近的二手房源进行就近安置，尽量不改变弱势群体习以为常的就业、就医和生活环境。其二，建立长效帮扶机制，在棚户区内为低保和残疾家庭提供更多的就业岗位，比如招聘本地的低保人员从事胡同街巷的准物业服务，引导残疾人员参与本地区文创企业的文化创作等。其三，对选择外迁的低收入家庭提供专项公租房补贴，确保低收入家庭外迁后不增加住房资金开支，不降低生活水平。

（2）加大养老服务设施建设。其一，充实发展地区养老服务机构。积极探索利用大栅栏地区已腾退的平房院落兴建公立养老院和老年服务中心。鼓励民间社会资本投资养老互助产业，实施优惠政策，补足公立养老院的床位缺口。同时，根据不同对象、不同需求制定菜单式收费政策，满足个性化需求。其二，积极推进医养融合发展。加强地区医疗机构和养老机构的业务合作，在养老院内专门设置诊疗部，尽量满足失能、多病老人的基本医疗需求，努力实现养老院和医疗机构的融合发展。鼓励公益组织、社会机构等社会力量和志愿者，开展针对性的生活辅助照料、精神慰藉和临终关怀，为老年人提供全流程的贴心服务。

（3）利用“共生院”为外来服务人口提供居住保障。借鉴东城区探索的“共生院”模式，优化“共生院”居民结构，将腾退修缮后的房屋以市场租金价格提供给为地区发展作出较大贡献的外来服务人口家庭，为他们营造稳定安全的温暖居所，以更好地服务老城居民和地区发展建设。制定“共生院”居住公约，引导外来服务人口合理使用腾退房屋，维护院落整洁秩序，与院落留住居民构建团结友爱、共融共生的和谐关系。

三、文化维度

提升城市更新治理能力的核心条件是社会安全感、社区归属感、文化生活等文化维度的创建。白塔寺棚户新区“会客厅”和南锣鼓巷“共生院”的实践经验表明，邻里互动交流、文创商业吸引力以及公共文化设施是重塑棚户新区社会空间的重要支柱。

1. 白塔寺的重要经验

白塔寺以共享理念打造“会客厅”。2017 年 9 月，在白塔寺西侧胡同口打造了一家供家庭面积狭小的居民免费使用的“共享会客厅”，居民可以在这里休闲娱乐、聚会用餐，一起唠家常、忆往昔，重温胡同里的邻里情，以培育社区文化。在街区整体发展定位的指导下，开创性地将一些具有现代特点的元素纳入到地区建设中，针对现代年轻人的特点和现代化的生活需要，积极引入新的功能业态，以期使地区产业形态得到更新换代，从而再造白塔寺地区活力。在产业甄选上，设计、文创、艺术等产业具备较高的文化内涵、环保及可持续发展等特点。通过与原有的属地文化进行较好的融合，最大化地淡化商业与居民的冲突。比如，利用 2018 年北京国际设计周的展览和活动，有效提升白塔寺社区的文化影响力和知名度。

2. 南锣鼓巷的重要经验

南锣鼓巷推进“共生院”模式试点。随着疏解腾退的开展，胡同里出现了一批没有完全腾空的院子，为改善这部分院落的居住环境、发展难题，2019 年 1 月，东城区提出了“共生院”的概念。

（1）新老建筑共生，主要是对原有老建筑进行保护性修缮，增设共享厨房，配建卫生间等新设施，以改善留驻居民的居住条件，补齐配套的生活设施。

（2）新老居民共生，主要是引入诸如高端人才、文创青年等新居民进入腾退院落长期或短期居住，与原居民在胡同中共同生活。

（3）文化共生，主要是促进国外和其他省市等非本地文化与北京胡同文化在平房院落中共同发展交融。同时通过引入图书馆、文创产业等新业态，推动文化共生，最终实现多种文化在北京大繁荣、大交流的局面。

3. 引导社区和善邻里关系

（1）在人口疏解中做好原住民回迁。人口疏解固然是当前北京老城的首要任务，但离开了原住民的胡同院落只是徒有其型，失去了蕴藏其中的精神魂魄。北京老城棚户区改造要注重维护好早已深深烙印在原住民心里的邻里感情，可以借鉴平江古城保留 50% 原住民的有益经验，适当保留能够传承老北京民俗文化、构成古都风貌、保护重要元素的老北京原住民，保留住北京传统文化的厚重感。因此，在疏解腾退中，要将已修缮完好的院落留出一部分用于老城居民回迁，增加一点使用面积，延续已构建多年的传统邻里关系，留住胡同文化。

（2）积极开拓地区公共活动空间。从室内和室外两个维度拓宽地区的公共活动空间，为邻里关系经营搭建交流平台。其一，借鉴白塔寺地区对社区用房的改造经验，积极引进国内外的社会力量和资源。在大栅栏地区利用腾退院落建设多个居民会客厅，建立居民会客厅预约使用制度，加强对晚间和周末时间的开发利用，实现全天候服务地区居民。其二，重点加强口袋公园、健身广场、休闲街角等社区基础设施的建设，从外部环境上打造开放的社会交往空间。

（3）创造条件帮助外来租户融入社区环境。其一，积极鼓励外来租户参与社区的各类活动。定期举办各类演出、比赛、展览等特色活动，为来自不同国家、不同省市、不同职业的外来租户创造展示自己的舞台，促进外来租户与原住居民的交流沟通，增强地区居民之间的“认同感”。其二，鼓励外来租户当选“胡同管家”。充分调动外来租户参与地区公共事务的积极性，搭建外来租户与社区和街道办事处等决策层之间的信息交流平台，使外来租户从自我管理向参与地区治理的角色转变。其三，利用网络平台打造“掌上四合院”。针对外来租户发声渠道少、参与地区日常活动时间有限等问题，尝试以胡同或片区为单位组建居民微信群，由居民小组长或街巷长担任群主，鼓励外来租户通过网络反映诉求、表达心声、建言献策。

4. 促进历史文化保护与文创产业协同共赢

（1）对历史街区和四合院等重点保护地域进行动态监测预警。综合运用计算机、网络通信、地理信息、全球定位等技术，建立风貌保护和老城保护改造数据库。建立专门的政府门户网站，以实现对历史街区和四合院等重点保护地域的监控，及时掌握不断更新的动态信息，制定更加科学有效的规划方案。建立健全高效有序的运转机制，对历史街区内的人口、房屋、户籍和业态，以及重点文物保护单位的保护情况进行定期普查。采集动态数据并向社会公示，增加相关保护工作的透明度和公众参与度。设定指标动态监测预警，对各级各类文物保护单位、历史文化街区整体风貌保护进行科学评价，及时对下一步的开发保护规划作出调整。

（2）提高保护改造与文化产业业态的协调度。其一，发展“类四合院”产业。以积极的保护态度，通过大力发展文化产业，探索院落建筑的积极保护方式。对部分具有产业基础的四合院区域，采取肌理插入法，发展“类四合院”产业。结合四合院与楼房单元的建筑模式，协调好新建筑与胡同肌理的关系，以保留城市肌理个性为前提，通过发展产业，来加强风貌保护。一方面，设置创意主题，将规制的四合院改成宾馆、酒店，用于对外服务；另一方面，利用四合院兴建剧场、戏剧名人工作室。其二，开发产业建筑，实现再利用。系统梳理老城胡同里的旧厂房和院落资源，盘活其中的旧厂房和旧院落，整合办公空间，积极推进创意工厂的发展。在保存文脉的前提下，植入文化创意产业，为旧厂房注入创新元素，激活蕴藏在产业遗迹中的文化活力。同步完善创意工厂和文化创意产业的植入规章制度，加强创意工厂对风貌保护的责任，并完善惩罚机制，形成产业建筑再利用与文化特质彰显共赢的局面。

（3）加大文物古迹的保护开发和内涵展示。其一，试行文物保护单位领养人制度。支持和引导民间资本投入到老城历史文化遗产的保护修缮中，制定文物保护单位领养人规章制度，明确领养人资格、领养条件、领养人责任与权利、享受的优惠政策、领养流程、责任和惩罚机制等事宜。试将部分古迹、遗址等逐步租让给私人资本管理，政府仍拥有其所有权、开发权和监督保护权。在此基础上，逐步对“领养人”制度进行规范完善，使历史文化资源得到合理利用，城市文脉得以更好延续。其二，加大历史文化街区的品牌建设，将地区零散的历史文化遗迹通过步行线路串联起来，打造经典文化旅游线路。一方面，统筹利用好历史文化街区内的遗迹资源，提升其整体性；另一方面，有助于外地游客体验古都风韵，丰富历史知识。扩大地区文化影响力。

第三节　城市更新治理能力提升的对策建议

一、树立科学城市更新理念

城市社会空间的重新塑造和新型城市社区的构建践行着科学的城市更新理念。城市发展要求全社会必须树立科学的城市更新理念，即必须要从片面强调规模、速度和经济效益的城市更新理念转为以人为本的、可持续发展的理念。因此，在城市更新过程中，应以人民的幸福生活为出发点和落脚点，注重城市的整体利益，这与新型城镇化的内在要求相辅相成。

在重视物质环境的改造与美化的同时，还要重视对历史文化环境的保护和优化。通过城市更新，进一步划分城市职能，重塑城市的经济、社会、文化、健康空间。把棚户区改造当作城市更新的过程，即是改变城市产业结构、恢复城市活力的过程，而不是简单地拆旧建新。无论从生活环境还是社区网络的角度来看，棚户区改造都必须在推进城市发展的同时，立足于居民的生活需求。只有改善了包括就业、教育、医疗、卫生、环境等多方面在内的生活条件，棚户区改造才能在较短的时间内从根本上改变城市面貌，推动城市的转型升级。最终，棚户区改造只有树立了城市更新理念、系统改造理念，才能注入动力和恢复活力，带动旧城的复兴和转型升级，为城市的健康可持续发展奠定坚实基础。

二、制定合理长远规划方案

城市规划管理主要包括前期的项目审批管理及后期的报建手续批后管理。具体而言，项目审批工作的主要职责是确定棚户区改造项目的涉及范围。棚户区改造涉及多方利益，通常会导致拆迁前的工作难以持续进行，这会改变规划的范围并导致重复审批。因此，要做好入户摸排工作，并以合法有效的方式予以确定（以防后期变化）。批后管理主要是为了确保计划的实施和被拆迁群众的利益。在社会资本的介入下，确定好改造计划中的安置房类型，以及控制计划中的安置规划用地的面积和位置，以保证人民群众的切身利益。通过公示改造规划方案来扩大公众的参与力度，强化被改造居民的监督管理。

因此，城市棚户区改造需要通过制定专项改造方案来指导实际工作，从而彻底解决物质形态改造与社会网络保护之间的矛盾。政府需要制定专项的规划，用于指导和衔接总体规划，以保证全体群众的利益。此外，解决棚户区问题的关键是以人为中心的居民就业和再就业，须将棚户区改造与就业项目对接，并采用政府干预的方式进行就业扶助。

三、动态调整城市公共政策

党的十八届三中全会公报首次提出：“推进国家治理体系和治理能力现代化”“形成系统完备、科学规范、运行有效的制度体系”。因此，城市政府在公共政策的制定与实施时，为提升政策的精细化程度，使政策调整与社会空间演变动态相匹配，就必须同时考虑宏观层面的社会空间模式和微观层面的空间属性。公共政策调整要与城市社会空间演变动态相匹配，关键在于多种资源优化配置。政府应负责连接外部资源，加强社区内部营造，整合现有资源，挖掘潜在资源，避免重复建设。同时，充分发挥人力资源在社区建设与发展中的核心作用。根据社区建设和发展实际需求引入人才，通过开展专业培训和社区志愿者队伍建设，带动社区居民自主自觉参与社区建设和发展，实现人力资源与社区邻里和文化良性发展的协同效应。

四、完善多方协同治理机制

强化社会多方协同治理的深度与广度，是构建新型城市社区空间、完善城市社区空间治理的必然要求。无论是在城市治理的宏观层面，还是在棚户区改造新区作为新型城市社区建设和发展的微观层面，都需要保障和维护城市社会空间的公平与效率。建立和完善多方协同的治理机制，关键在于政府主体有限介入、居民主体广泛参与，以及社会组织有效作为。

（1）政府主体有限介入。一方面，在社区树立有限政府的理念。要确立有限政府概念，就要求首先明确政府在提供公共服务中的职责。我国的基层组织发展较晚，特别是社区组织很不成熟，需要政府引导。政府在营造历史文化社区的过程中，要加大历史文化的保护和挖掘力度，加大监管力度，以防止文物被破坏。但在居民的配套设施改造中还是需要以企业力量参与为主，并尊重实地改造居民意愿。另一方面，大量的便民服务与社区功能并不是政府能够承担的，也不是政府应该主动承担的。很多便民服务，例如社区金融、医疗卫生、购物等日常消费，文化、体育、娱乐等服务，都应交给市场来配置。通过市场的有效调节，社区资源可以得到最佳配置，服务的内容与形式也更加灵活。当然，这并不意味着政府可以完全退出社区公共服务。对于相对低偿和无偿的公共服务，可以采取政府购买服务的形式来提供。对于社区内的商业组织业态和比例，政府也应该加以引导。

（2）居民主体广泛参与。由于社区公共事务非常贴近个人生活，所以，扩大居民参与对社区建设有着积极作用。居民积极自觉参与社区治理，有利于避免少部分人总是被排除在社区共同体之外，忽略他们的需求。城市更新的结果是社会的产物，群众是自然的利益相关者，因此，城市规划应该是由城市居民、政府部门和规划人员协作形成的公共政策。目前，我国城市更新的公众参与水平还处于起步阶段水平，在城市更新活动中，通常排除了公众意见和利益，而这一行为已产生了显著的负面影响。因此，应当把公众参与作为城市规划决策甚至一切决策的初始出发点和最终目标，引导居民增加主动参与，减少被动参与，从而加强居民对社区改造的归属感。同时提高决策质量，保证项目的有效执行。

（3）社会组织有效作为。在政府和居民主体的作用得到有效发挥的同时，社会组织的积极介入有利于促进社区融合与发展。一些政府顾及不到、居民顾及不了的社区建设和发展需求，可以通过社会组织的积极介入来满足，并由此形成社区服务专业化和社会化相结合的发展格局，这对于提高社区发展质量和居民生活品质都有积极作用。主动培育造就社会中介组织，将是未来社区建设朝着专业化和社会化方向发展的重要任务。

五、优化城市各类资源配置

城市社区的营造不仅指社区的内部营造，还指通过与外部资源连接，实现资源的优化配置。首先，通过开辟学校、公共绿地和公共场所来提高公共服务质量，是棚户区改造成功的根本前提；其次，社区要整合现有的历史文化资源，挖掘潜在的历史文化价值，并使小区内的图书馆和体育馆等文化资源得到最大程度的利用；再次，更重要的是要引进社区人才，并结合实际需要提供专业教育培训，以优化社区人力资源；最后，要充分发挥社区志愿者（特别是大学生志愿者）的作用，形成社区人才与志愿者相互联动的机制。

城市改造和更新必须把不破坏历史文化遗址和历史景观作为基本的前提条件。城市更新是为了更好的保护和利用，使其与现代社会和城市发展有机融合。城市的历史遗迹和历史景观连接着城市的过去和现在，记录着城市自身发展的历史。在城市更新过程中，必须最大限度地发挥城市的多样性、原真性和连续性。

六、拓宽棚户区改造资金来源

政府财政支持是棚户区改造的重要资金来源。近年来，中央和地方十分重视棚户区改造，资金补贴力度也在不断加大。但单纯依靠政府财政支持显然无法完成如此艰巨的任务。因此，各级政府需要拓宽资金渠道，增加资金投入，使重建项目能够满足城市发展的要求。例如，在金融信贷业务的支持下，通过拍卖改造闲置土地等多种渠道，来吸引更多的资金流入。通过这一系列措施，不断扩大财务资源，为改造项目提供充足的资金支持。针对改造资金缺乏的现实，要加大政策激励力度，适当放开规划指标，调动社会各界参与棚户区改造的积极性。纵观西欧的城市更新实践我们发现，依赖政府资助的城市更新难以持续。房地产公司等社会力量必须在解决融资问题中发挥主要作用。虽然城市扩张是土地问题，但事实上，真正的问题不是城市的总面积，而是城市发展过程中遇到的各种制约因素。以容积率补偿和优先土地权等条件促进群众的热情。银行、风险投资公司和其他社会金融部门也是棚户区改造的重要资金来源。

七、加强社区公共空间建设

棚户区改造体现了人文关怀。规划中的物质空间组织和细节的合理设计，增加了社区的公共空间，促进了群众的参与，加强了拆迁群众对改造后社区建设的参与，增强了他们的归属感和幸福感。城市社区的公共空间必须增强以下 4 个功能。

第一，社区的组织功能。为了居民的生存和自我发展，需要建设一些最基本的福利设施、商业设施、交流场所、托儿所、幼儿园和中小学等生活组织和其他服务设施。除此之外，排水设施和道路交通也是必不可少的。接下来是安保设备的设置和绿色环境的配置。这一切都是社区居民日常生活和工作所必需的物质基础，这取决于物质空间的组织。

第二，社区空间的交流功能。人类文明的进步与智慧和情感的交流密不可分。社区需要一种促进社区参与者之间交流和互动的功能，而不仅仅是一个物理的生活空间。从某种意义上说，社区内的公民互动水平和地位决定了社区生活的质量和类型。比如社区中心的建设和步行街的拓展，不仅促进了商业化的发展，还促进了居民公共生活和交流活动的发展，满足了更高的文化和精神需求。基于这些原因，居住社区的规划建设要满足社区居民日益增长的各类需求，从某种意义上说，它也是社会和生态系统的发展需要。

第三，社区空间的均衡功能。人类不断努力探索平衡身心的参数状态，以获得足够的休息，不可避免地会鼓励人们努力工作。同样，为了高效地工作，居民需要一个稳定、平衡、和谐、统一的空间。社区不仅要实现自然环境与人类生活的平衡，还要实现人与社会、科技与人文、物质与思想的平衡。因此，社区空间需要考虑环境设计、人的行为心理与交流、社区组织之间的互动等。

第四，社区空间的科教功能。科技和教育是人类社会信息交流和沟通的基础，科学与教育密不可分，并呈现出交叉网络化的发展特征，是人类进入人文科技领域的连接体。我们应有一个理想的社区远景，即建设社区的科学教育功能。

八、建立城市空间正义体系

社会政策作为国家和政府行为，在实践层面直接或间接地影响着棚户新区等新型城市社区空间的重塑，比如住房和公共设施、收入和就业、社会保障和社会服务、公共卫生和保健、教育和技能培训、安全和犯罪预防等。建设以“空间正义”为导向的社会政策体系，本质上是保障被改造地区原有人群在迁入区的生活能力，以及修复和维护新型社区邻里关系的能力。此外，政府还可以通过赋权政策，来激发新型社区潜能，促进棚户区改造新区的居民居住改善、生活幸福。此外，由于城市行政管理体制是城市更新顺利发展的关键因素之一，因此，应采取措施转变政府职能，按照“精简、统一、高效”的原则精简政府机构，构建公平透明的行政管理体制，保障在棚户区改造过程中的居民合法利益，最终形成城市空间的正义体系。

参考文献

[1] Bernt M. Partnerships for Demolition: The Governance of Urban Renewal in East Germany's Shrinking Cities[J]. International Journal of Urban and Regional Research, 2009（9）: 754-769.

[2] Carmon N. Three Generations of Urban Renewal Policies: Analysis and Policy Implications[J].Geoforum, 1999, 30: 145-158.

[3] Elinor O. A Behavioral Approach to the Rational Choice Theory of Collective Action[J]. American Political Science Review, 1998（1）: 1-22.

[4] Glass R. London: Aspects of Changes[M]. London: MacGibbon & Kee, 1964.

[5] Hackworth J, Smith N. The changing State of Gentrification[J]. Tijdschrift voor Economische en Sociale Geografie, 2001, 92（4）: 464-477.

[6] Jacobs J. The Death and Life of Great American Gities[M]. New York: Random House, 1961.

[7] Keating，W D，Krumholz N，Star P. Revializing Urban Neighborhoods[M]. Kansas: University Press of Kansas, 1996.

[8] LE Goix R. Gated community: sprawl and social segregation in Southern California[J]. Housing Studies, 2005, 20（2）: 323-343.

[9] Lees L. Urban Renaissance in an Urban Recession: The End of Gentrification?[J]. Environment and Planning A, 2009,41（7）: 1529-1533.

[10] Logan J, Molotch H. Urban Fortunes: The Political Economy of Place[M]. Los Angeless, CA: University of California, 1987.

[11] Lów S. The Edge and the Center: Gated Communities and the Discourses of Urban Fear[J]. American Anthropologist, 2001（1）: 45-58.

[12] Morris L D. Is There a British Underclass? [J]. International Journal of Urban and Region Research, 1993（17）: 404-412.

[13] Moynihan D P. Maximum Feasible Misunderstanding[M]. New York: Free Press, 1969.

[14] Mumford L. The City in History: Its origins, its Transformation, and its Prospects[M]. New York: Harcourt, Brace & World, 1961.

[15] Murrie A. Neighborhood Housing Renewal in Britain[M]// Neighborhood Policy and Programs: Pant and Present, edited by Carmon, N. London: Macmillan, 1990.

[16] Neef N. The New Poverty and Local Government Social Policies: A West German Perspective[J]. International Journal of Urban and Region Research, 1992（16）: 202-212.

[17] Ostrom E. A Behavioral Approach to the Rational Choice Theory of Collective Action[J]. American Political Science Review, 1998（1）: 1-22.

[18] Rose D. Rethinking Gentrification: Beyond the Uneven Development of Marxist Urban Theory[J]. Environment and Planning D, 1984, 2（1）: 47-44.

[19] Short J R. Housing in Britain: The Post-War Experience[M].London: Methuen, 2021.

[20] Smith D P. Geographies of long-distance family migration: Moving to a 'spatial turn'[J]. Progress in Human Geography, 2011, 35（5）: 652-668.

[21] Smith D P. The social and economic consequences of housing in multiple occupation（HMO）in UK coastal towns: Geographies of segregation[J]. Transactions of the Institute of British Geographers, 2012, 37（3）: 461-476.

[22] Smith N. Gentrification, the Frontier, and the Restructuring of Urban Space[M]//Smith N, Williams P. Gentrification of the City. London: Allen and Unwin, 1986: 15-34.

[23] Smith N. The New Urban Frontier: Gentrification and the Revanchist City[M]. London: Routledge, 1996.

[24] Smith N. New Globalism, New Urbanism: Gentrification as Global Urban Strategy[J]. Antipode, 2002, 34（3）: 427-450.

[25] Swyngedouw E, Moulaert F, Fodriguez, A. Neoliberal Urbanization in Europe: Large-Scale Urban Development Projects and the New Urban Policy[J]. Antipode, 2002（3）: 547-582.

[26] Wacqnant L J D. Urban Outcasts: Stigma and Division in the Black American Ghetto and the French Urban Periphery[J]. International Journal of Urban and Region Research, 1993（17）: 365-383.

[27] Walks R A. The Social Ecology of the Post-Fordist/Global City? Economic Restructuring and Socio-spatial polarization in the Toronto Urban Region[J]. Urban Studies, 2001（3）: 407-447.

[28] Winnick L. New People in Old Neighborhood[M]. New York: Russel Sage Foundation, 1990.

[29] Zhang C, Chai Y W. Un-gated and integrated work unit communities in post-socialist urban China: A case study from Beijing[J]. Habitat International. 2014, 43, 79-89.

[30] Zhang T. Urban Development and a Socialist Pro-growth Coalition in Shanghai[J]. Urban Affairs Review, 2002（4）: 475-499.

[31] 艾大宾 . 我国城市社会空间结构的演变历程及内在动因 [J]. 城市问题，2013（1）：69-73.

[32] 陈培阳 . 西方绅士化研究进展 [J]. 城市规划，2021，45（1）：94-104.

[33] 董丽晶，张平宇 . 城市再生视野下的棚户区改造实践问题 [J]. 地域研究与开发，2008，27（3）：44-47.

[34] 董玛力，陈田，王丽艳 . 西方城市更新发展历程和政策演变 [J]. 人文地理，2009，109（5）：42-46.

[35] 段进军，倪方钰 . 关于中国城市社会空间转型的思考——基于“社会 - 空间”辩证法的视角 [J]. 苏州大学学报，2013（1）：49-53.

[36] 冯革群，马仁锋，陈芳等 . 中国城市社会空间转型解读——以向社区单位空间向社区空间转型为例 [J]. 城市规划，2016（1）：60-65.

[37] 冯健，周一星 . 转型期北京社会空间分异重构 [J]. 地理学报，2008（8）：829-844.

[38] 冯晓英 . 北京重点村城市化建设的实践与反思 [J]. 北京社会科学，2013（6）：56-62.

[39] 何淼，张鸿雁 . 城市社会空间分化如何可能——西方城市社会学空间理论的中国意义 [J]. 探索与争鸣，2011（8）：47-51.

[40] 何深静，刘玉亭，吴缚龙等 . 中国大城市低收入邻里及其居民的贫困集聚度和贫困决定因素 [J]. 地理学报，2010，65（12）：1464-1475.

[41] 侯学英 . 当前我国城市贫困问题研究的评述与展望 [J]. 现代城市研究，2014（3）：64-73.

[42] 贾生华，郑文娟，田传浩 . 城中村改造中利益相关者治理的理论与对策 [J]. 城市规划，2011，35（5）：62-68.

[43] 李国庆，张志敏 . 城市更新助推垦区城镇再生与社会治理——以江西省垦区危房区改造为例 [J]. 南京社会科学，2020（5）：51-58.

[44] 李国庆 . 棚户区改造与新型社区建设——四种低收入者住区的比

较研究 [J]. 社会学研究，2019（5）：44-68.

[45] 李兰冰，高雪莲，黄玖立．“十四五”时期中国新型城镇化发展重大问题展望 [J]. 管理世界，2020（11）：7-22.

[46] 李敏．城市贫困的政策回应：实践与反思 [J]. 学术交流，2008，163（3）：131-134.

[47] 李强，王莹．社会治理与基层社区治理论纲 [J]. 新视野，2015（6）：26-31.

[48] 李润国，赵青，王伟伟．新型城镇化背景下城中村改造的问题与对策研究 [J]. 宏观经济研究，2015（8）：41-47.

[49] 李翔，陈可石，郭新．增长主义价值转变背景下的收缩城市复兴策略比较——以美国与德国为例 [J]. 国际城市规划，2015，30（2）：81-86.

[50] 李烨，焦怡雪，高恒，等．我国保障性住房建设情况与特征研究 [J]. 城市发展研究，2020（7）：19-25.

[51] 林顺利，张岭泉．社会政策的空间之维——以城市贫困的空间剥夺为例 [J]. 河北大学学报：哲学社会科学版，2010（4）：63-68.

[52] 曼瑟·奥尔森，陈郁等译．集体行动的逻辑 [M]. 上海：上海人民出版社，2018.

[53] 孟延春，谷浩．城市更新视角下中西方城市贫困社区治理路径演变及改造模式研究 [J]. 公共管理评论，2017，26（3）：53-65.

[54] 孟延春，郑翔益，谷浩．渐进主义视角下 2007—2017 年我国棚户区改造政策回顾及分析 [J]. 清华大学学报：哲学社会科学版，2018（3）：184-194.

[55] 庞娟，段艳平．我国城市社会空间结构的演变与治理 [J]. 城市问题，2014（11）：79-85.

[56] 任恒．埃莉诺·奥斯特罗姆自主治理思想研究 [D]. 吉林大学，2019.

[57] 苏春艳，孟翔飞．棚户区治理的模式与政策选择——以辽宁抚顺、阜新、本溪棚户区改造为个案 [J]. 社会科学辑刊，2016，266（5）：53-57.

[58] 孙立平．转型与断裂：改革以来中国社会结构的变迁 [M]. 北京：清华大学出版社，2004.

[59] 谭肖红，袁奇峰，吕斌．城中村改造村民参与机制分析——以广州市猎德村为例 [J]. 热带地理，2012，32（6）：618-625.

[60] 王春兰，杨上广 . 上海社会空间结构演化：二元社会与二元空间 [J]. 华东师范大学学报：哲学社会科学版，2015（6）：30-37.

[61] 王春兰，杨上广，何俊，等 . 上海社会空间演化研究——基于户籍与职业双维度 [J]. 地理研究，2018，37（11）：2236-2248.

[62] 吴细玲 . 城市社会空间与人的解放 [J]. 哲学动态，2012（4）：26-33.

[63] 袁媛，吴缚龙，许学强 . 转型期中国城市贫困和剥夺的空间模式 [J]. 地理学报，2009，64（6）：753-763.

[64] 严若谷，周素红，闫小培 . 城市更新之研究 [J]. 地理学科进展，2011，30（8）：947-955.

[65] 张道航 . 地方政府棚户区改造的模式及方略 [J]. 福建行政学院学报，2010（1）：18-22.

[66] 张敦福 . 城市相对贫困问题中的特殊群体：城市农民工 [J]. 人口研究，1998，22（3）：50-53.

[67] 张京祥，李阿萌 . 保障性住区建设的社会空间效应反思——基于南京典型住区的实证研究 [J]，国际城市规划，2013（28）：87-93.

[68] 张磊 ."新常态" 下城市更新治理模式比较与转型路径 [J]. 城市发展研究，2015，22（12）：57-62.

[69] 张衔春，易承志 . 西方城市政体理论：研究论域、演讲逻辑与启示 [J]. 国外理论动态，2016（6）：112-121.

[70] 张友祥，支大林，程林 . 论资源型城市可持续发展应处理好的几个关系 [J]. 经济学动态，2012（4）：80-83.

[71] 赵万民，王华，李云燕，等 . 中国城市住区的历史演变、现实困境与协调机制——基于社会与空间的视角 [J]. 城市规划学刊，2018（6）：20-28.

[72] 郑文升，丁四保，王晓芳，等 . 中国东北地区资源型城市棚户区改造与反贫困研究 [J]. 地理科学，2008，28（2）：156-161.

[73] 周晓，傅方煜 . 由广东省 "三旧改造" 引发的对城市更新的思考 [J]. 现代城市研究，2011，（8）：82-89.

[74] 周一星 . 城市地理学 [M]. 北京：商务印书馆，1995.

[75] 周一星，孟延春 . 北京的郊区化及其对策 [M]. 北京：科学出版社，2000.

附　录

附录 1　海口市玉沙村棚户区改造调查问卷

您好，首先感谢您愿意在百忙之中抽出宝贵的时间帮我们填写这份问卷。为了更好地检验海口市棚户区的改造工作，我们进行了这次问卷调查。本问卷采取不记名方式，希望您在填写时无任何顾虑，谢谢合作。

第一部分　原有棚户区背景资料调查

1. 您在原住房居住了________年。

2. 您的原有住房面积为________平方米。

3. 您棚户区改造前的家庭年收入水平（　　）。

A. 5 万元及以下　　B. >5 万元且≤ 10 万元

C. >10 万元且≤ 15 万元　　D. >15 万元且≤ 20 万元

E. >20 万元且≤ 25 万元　　F. 25 万元以上

4. 您棚户区改造前的家庭年消费占年收入的比例为（　　）。

A. 80% 及以上　　B. ≥ 70% 且 <80%

C. ≥ 60% 且 <70%　　D. ≥ 50% 且 <60%

E. ≥ 40% 且 <50%　　F. 40% 以下

5. 您原有的房屋产权属于哪种类型？（　　）

A. 私有房屋　　B. 租住房屋

C. 符合廉住房条件的住户房屋　　D. 无证自建房屋

E. 其他

6. 您原有的住房是哪种类型？（　　）

A. 楼房套间（如一室一厅，二室一厅）

B. 平房

C. 自建多层房　　D. 其他

7. 【多选题】您是否需要与其他家庭（个人）共用以下房屋设施？若

需要请在选项后方框内打勾（√）。

厨房		洗浴间	
厕所		阳台	

8.【多选题】原有住房基础设施是否覆盖以下设施？若覆盖请在选项后方框内打勾（√）。

防盗监控系统		消防安全系统	
水电气生活保障系统		通信、电视、互联网系统	
停车场地		门卫值班	
卫生保洁		房屋设施维护	
菜场		超市	
医疗机构		幼儿园	
电信营业网点		银行营业网点	
公厕		邮局	

9. 您原居住地到您工作地点的便捷程度如何？（　　）

A. 相当便捷　　B. 很便捷

C. 一般　　D. 不便捷

E. 很不便捷

10. 从您原居住地到工作单位需要多长时间？（　　）

A. 15 分钟及以内　　B. >15 分钟且≤ 30 分钟

C. >30 分钟且≤ 1 小时　　D. >1 小时且≤ 1.5 小时

E. 1.5 小时以上

11.【多选题】您的家庭中是否存在以下弱势群体？（　　）

A. 病人　　B. 残疾人

C. 孤寡老人　　D. 留守儿童

E. 其他　　F. 无

第二部分　现有住房基本情况调查

1. 您的现住房面积为________平方米。

2.【多选题】您现居住的房屋基础设施是否覆盖以下设施？若覆盖请在选项后方框内打勾（√）。

防盗监控系统		消防安全系统	
水电气生活保障系统		通信、电视、互联网系统	
停车场地		门卫值班	
卫生保洁		公共设施维护	
菜场		超市	
医疗机构		幼儿园	
电信营业网点		银行营业网点	
公厕		邮局	

3. 与原住地相比，现居住地社区在以下方面有怎样的变化？请在相应选项下打勾（√）。

基础设施	有很大改善	有改善	没有变化	不如从前	远不如从前
社区居住环境					
社区卫生服务站					
便民药店					
健身及运动场馆					
绿色景观步道					
盲道					

4. 在新的居住环境下，您日常锻炼（如散步、健身等）的时间变化如何？（　　）

A. 大幅减少　　B. 有所减少

C. 没有变化　　D. 有所增加

E. 大幅增加

5. 与原住地相比，您认为现有社区的教育资源（如幼儿园）是否有所改善？（　　）

A. 大幅改善　　B. 有所改善

C. 没有变化　　D. 不如从前

E. 远不如从前

6. 您认为现居地的交通出行是否便捷？请在相应选项下打勾（√）。

交通出行	非常便捷	便捷	一般	不便捷	非常不便捷
公交路线的便捷程度					
搭乘租出车的便捷程度					
到达长途客车站的便捷程度					
到达火车站（高铁）的便捷程度					
到达飞机场的便捷程度					
到达工作单位的便捷程度					
到达市区商业中心的便捷程度					

7. 从您的居住地到工作单位需要多长时间？（　　）

A. 15 分钟及以内　　B. >15 分钟且≤ 30 分钟

C. >30 分钟且≤ 1 小时　　D. >1 小时且≤ 1.5 小时

E. 1.5 小时以上

8. 您现家庭年收入在（　　）。

A. 5 万元及以下　　B. >5 万元且≤ 10 万元

C. >10 万元且≤ 15 万元　　D. >15 万元且≤ 20 万元

E. >20 万元且≤ 25 万元　　F. 25 万元以上

9. 您现家庭年消费占年收入的比例为（　　）。

A. 80% 及以上　　B. ≥ 70% 且 <80%

C. ≥ 60% 且 <70%　　D. ≥ 50% 且 <60%

E. ≥ 40% 且 <50%　　F. 40% 以下

10. 请选择您光顾周边服务和设施的频率，并在相应选项下打勾（√）。

服务设施	每　天	每　周	每半月	每　月	每季度
餐馆					
菜市场					
超市					
生活服务点（修鞋，裁缝，五金，自行车、电动车维修等）					
生活缴费点（通信、水电、网费、电视费等）					
美容美发店					
药店					
社区卫生服务站					
银行 ATM 取款机					
健身及运动场馆					
书店、图书室					
酒店宾馆					
幼儿园					
邮局					
其他＿＿＿＿＿＿＿＿＿＿＿＿＿＿＿＿＿＿＿＿					

11. 您是否满意现在的邻里关系？（　　）

A. 非常满意　　B. 基本满意

C. 满意　　D. 不满意

E. 非常不满意

11a.【多选题】若不满意邻里关系，请选择原因。（　　）

A. 熟人关系网络破碎　　B. 无法适应周边新环境

C. 周边设施不完善　　D. 不安全感

12. 您的社区是否有志愿服务？（　　）

A. 有　　B. 没有

12a.【多选题】若有，请选择他们提供的志愿服务。（　　）

A. 帮助社区弱势群体

B. 清理改善社区环境

C. 促进了社区居民之间的沟通与交流

D. 其他________________________________

12b. 若没有，您是否认为有必要增加志愿者服务？（　　）

A. 是　　B. 否

13. 您是否认为现有社区的治安情况比原住地提升了？（　　）

A. 是　　B. 否

14. 您认为下列因素是否影响到您现住社区的治安情况？请在相应选项下打勾（√）。

社区现象	严重影响	有影响	一般	影响不大	毫无影响
周边流动商贩					
社区居住流动人口					
偷盗现象					
警务巡逻力度					

15. 您是否经常参加社区文化活动？（　　）

A. 经常　　B. 偶尔

C. 不参加

15a.【多选题】若参加社区活动，请选择您参加过的社区文化活动。（　　）

A. 广场舞　　B. 社区居民文化竞赛（棋牌游戏）

C. 书画展览　　D. 小型体育竞赛（乒乓球、羽毛球等）

E. 小型文化科普讲座

F. 其他________________________________

16. 您认为是否需要加强社区文化建设？（　　）

A. 是　　B. 否

16a.【多选题】若您认为需要加强社区文化建设，请选择需要加强的方面。（　　）

A. 提供文化活动所需的场地和空间

B. 加强主管单位的文化宣传力度

C. 增加文化活动次数

D. 加强与其他社区间的相互交流

E. 其他____________________

17. 您认为棚户区改造实施效果如何？（　　）

A. 效果明显　　B. 效果一般

C. 效果不明显　　D. 效果不好

E. 不了解

17a.【多选题】若您认为效果不好，请选择原因。（　　）

A. 补偿不足

B. 造成不便

C. 对原本住房的留恋

D. 生活成本提高

E. 其他____________________

18.【多选题】您认为棚户区改造有哪些作用？（　　）

A. 改善群众的居住条件

B. 改善城市环境

C. 拉动基础建设投资，促进居民消费

D. 其他____________________

19.【多选题】您认为棚户区改造工作有哪些方面需要改进？（　　）

A. 进一步加大棚户区改造支持政策的透明度

B. 进一步完善拆迁安置补偿措施

C. 进一步完善安置住房规划选址和配套设施建设

D. 进一步优化户型设计，确保工程质量

E. 其他____________________

20. 您对棚户区改造过程中出现的“钉子户”持什么态度？（　　）

A. 支持，最大限度地争取个人利益

B. 不支持，不能因为个别人的利益牺牲大家改善居住条件的整体意愿

C. 不关心

受访者背景信息收集

以下的信息仅为研究所用，我们将对您填写的信息严格保密，请您放心填写，谢谢您的配合。

1. 性别（　　）

A. 男　　B. 女

2. 年龄（　　）

A. 20 岁及以下　　B. >20 岁且≤ 30 岁

C. >30 岁且≤ 40 岁　　D. >40 岁且≤ 50 岁

E. >50 岁且≤ 60 岁　　F. 60 岁以上

3. 文化程度（　　）

A. 小学及以下　　B. 初中

C. 高中　　D. 专科

E. 本科　　F. 硕士

G. 博士

4. 职业（　　）

A. 无业　　B. 公职人员

C. 企业管理人员　　D. 个体户

E. 工人　　F. 农民

G. 家庭主妇　　H. 退休

I. 其他

5. 家庭人数（　　）

A. 独居　　B. 2 人

C. 3 人　　D. 4 人及以上

6. 家庭构成（　　）

A. 独居　　B. 夫妻二人

C. 与子女同住　　D. 与父母同住

E. 三代同堂　　F. 与其他家庭拼住

附录 2　海口市建设“15 分钟便民服务生活圈”居民调查问卷

您好，首先感谢您愿意在百忙之中抽出宝贵时间帮我们填写这份问卷。

为了更好地加快海口市城市与社区建设，我们进行了这次问卷调查。本问卷采用不记名方式，希望您在填写时不要有任何顾虑，填上自己的真实想法即可，谢谢合作。

1. 您现在是否居住在博爱街道骑楼老街？（　　）

A. 是　　　　B. 否

2. 您目前是在社区租房还是已经买房？（　　）

A. 租房　　　　B. 已买房

3. 您在该社区居住了多长时间？（　　）

A. 1 年以内　　　　B. ≥ 1 年且<5 年

C. ≥ 5 年且<10 年　　　　D. 10 年及以上

4. 请选择您光顾以下便民服务和设施的频率，请在相应的方框内打勾（√）。

服务设施	每　天	每　周	每半月	每　月	每季度
餐馆					
菜市场					
超市					
公厕					
生活服务点 （修鞋，裁缝，五金，自行车、电动车维修等）					
生活缴费点 （通信、水电、网费、电视费等）					
老年服务					
治安亭					
美容美发店					
药店					
社区卫生服务站					
银行或 ATM 取款机					
健身或运动场馆					
书店、图书室					
电影院					
酒店宾馆					
幼儿园					
邮局					
宠物店					
其他：________________					

5. 您对目前所在地区的便民服务和设施是否满意？（　　）

A. 十分满意　　B. 比较满意

C. 一般　　D. 不满意

E. 完全不满意

6. 【多选题】您认为海口市需要在以下哪些便民服务和设施方面加强建设？若需要请在选项后方框内打勾（√）。

餐馆		菜市场		超市	
公厕		便民服务点（修鞋，裁缝，五金，自行车、电动车维修等）		便民缴费点（通信、水电、网费、电视费等）	
老年服务		治安亭		美容美发店	
社区卫生服务站		药店		银行及 ATM 取款机	
小型休闲文化娱乐场所（书店、图书室、电影院）		健身或运动场馆		酒店宾馆	
幼儿园		邮局		宠物店	
其他：________________					

7. 【多选题】您通常在哪些地方购买生活必需品？请在相应选项后方框内打勾（√）。

菜市场		永顺超市		家乐福	
大润发		旺佳旺超市		个体经营杂货店	
其他：________________					

8. 您的家庭中是否有学龄前儿童？（　　）

A. 有　　B. 没有

8a.（若有学龄前儿童）请问您对所在地区的教育资源（幼儿园、托儿所）是否满意？（　　）

A. 十分满意　　B. 比较满意

C. 一般　　D. 不满意

E. 完全不满意

9. 您家是否有老人？（　　）

A. 有　　B. 没有

9a.（若家中有老人）请问年龄在？（　　）

A. >60 岁且≤ 70 岁　　B. >70 岁且≤ 80 岁

C. >80 岁且≤ 90 岁　　D. 90 岁以上

10. 您通常使用何种出行方式？（　　）

A. 步行　　B. 骑车

C. 开车　　　　　　D. 公共交通车

E. 电动车　　　　　F. 其他________

11. 您认为目前的人行道路是否安全舒适？（　　）

A. 是　　B. 一般　　C. 不是　　D. 不知道

12.【多选题】加强以下哪些方面的建设会鼓励您选择步行方式出行？请在相应选项后方框内打勾（√）。

人行道		路灯		斑马线	
地表建筑		商户建设		休闲散步空间	
其他：________					

13. 您认为目前的电动车道、自行车道是否安全舒适？（　　）

A. 是　　B. 一般　　C. 不是　　D. 不知道

14.【多选题】加强以下哪些方面的建设会鼓励您选择骑行方式出行？请在相应选项后方框内打勾（√）。

骑行车道		人行道		路灯	
路标		斑马线		休闲散步空间	
商户建设		其他：________			

15. 基于您的个人经历而言，您对社区以下各方面的满意程度是？请在相应的方框内打勾（√）。

服务类型	十分满意	满意	一般	不满意	完全不满意
人行道					
电动车道、自行车道					
道路状况					
道路安全					
换乘便捷					
商圈地点					
商户品质					
餐饮质量					
餐饮地点					
社区服务					
社区景观					
人身安全					

16. 您是否经常参加社区活动？（　　）

A. 经常参加　　B. 偶尔参加

C. 很少参加　　D. 从不参加

E. 不知道

16a. 【多选题】（若您参加过社区活动）您曾参加过下列哪些社区文化活动？（　　）

A. 广场舞　　B. 社区居民文化竞赛（棋牌游戏）

C. 书画展览　　D. 小型体育竞赛（乒乓球、羽毛球等）

E. 小型文化科普讲座　　F. 其他________

17. 您认为是否需要加强社区文化建设？（　　）

A. 是　　B. 否

17a. 【多选题】若您认为社区需要加强文化建设，请选择您认为需要加强的方面，并在相应选项后方框内打勾（√）。

提供文化活动所需的场地和空间		加强主管单位的文化宣传力度		增加文化活动次数	
加强与其他社区间的相互交流	其他________				

18. 您的社区是否有志愿服务？（　　）

A. 有　　B. 没有

18a.【多选题】若有，请问他们主要提供哪些方面的志愿服务？（　　）

A. 帮助社区弱势群体

B. 清理改善社区环境

C. 促进了社区居民之间的沟通与交流

D. 其他________

18b. 若没有，您认为是否有必要增加志愿者服务？（　　）

A. 是　　B. 否

19. 【多选题】您希望社区能够增加哪些活动？（　　）

A. 舞蹈、瑜伽、健身操等培训

B. 文化竞赛，如棋牌比赛、知识竞答等

C. 书画展览

D. 体育比赛（乒乓球等）

E. 科普讲座

F. 其他________

20. 您认为您所在社区的治安情况如何？（　）

A. 非常好　　B. 很好

C. 一般　　D. 差

E. 非常差

21. 您认为是否需要增加您所在社区的治安岗亭和巡逻队伍？（　）

A. 需要　　B. 不需要

受访者背景信息收集

以下信息仅为研究所用，我们将对您填写的信息严格保密，请您放心填写，谢谢您的配合。

1. 性别（　）

A. 男　　B. 女

2. 年龄（　）

A. 20 岁及以下　　B. >20 岁且≤ 30 岁

C. >30 岁且≤ 40 岁　　D. >40 岁且≤ 50 岁

E. >50 岁且≤ 60 岁　　F. 60 岁以上

3. 文化程度（　）

A. 小学及以下　　B. 初中

C. 高中　　D. 专科

E. 本科　　F. 硕士

G. 博士

4. 职业（　）

A. 无业　　B. 公职人员

C. 企业管理人员　　D. 个体户

E. 工人　　F. 农民

G. 家庭主妇　　H. 退休

I. 其他

5. 家庭人数（　）

A. 独居　　B. 2 人

C. 3 人　　D. 4 人及以上

6. 月收入水平（　）

A. 1 000 元以下　　B. ≥ 1 000 元且 <2 000 元

C. ≥ 2 000 元且 <3 000 元　　D. ≥ 3 000 元且 <4 000 元

E. ≥ 4 000 元且 <5 000 元　　F. 5 000 元及以上

附录 3　海口市建设“15 分钟便民服务生活圈”商户调查问卷

您好，首先感谢您愿意在百忙之中抽出宝贵时间帮我们填写这份问卷。为了更好地加快海口市城市与社区建设，我们进行了这次问卷调查。本问卷采取不记名方式，希望您在填写时不要有任何顾虑，填上自己的真实想法即可，谢谢合作。

1. 请问目前您对商铺的使用权是？（　　）

A. 租用商铺　　B. 自营商铺

2. 您所雇佣的全职职员有________人；兼职职员有________人。

3. 您的职员一般住在距离商铺多远的地方？（　　）

A. ≤ 1 千米　　B. >1 千米且≤ 5 千米

C. >5 千米且≤ 10 千米　　D. >10 千米

4. 您的雇员通常采用什么交通方式上下班？（　　）

A. 开车　　B. 拼车

C. 公共交通　　D. 自行车

E. 电动车　　F. 步行

5. 您认为您商铺周围的停车设施（包括电动车）是否便利？（　　）

A. 便利　　B. 不便利

5a.【多选题】若停车不便利，原因是？（　　）

A. 停车空间不足　　B. 乱停乱放问题严重

C. 监管不力　　D. 其他________________

6. 您对现在的商铺地点是否满意？（　　）

A. 十分满意　　B. 比较满意

C. 一般　　D. 不满意

E. 准备搬离

6a. 不满意或者准备搬离的原因是________________

7. 您是否有扩大商业规模的计划？（　　）

A. 有　　B. 没有

7a. 若您有扩大规模的打算，您是否会在当前所在社区选址？（　　）

A. 是　　B. 否

8. 请您选择下列因素对吸引客流量的重要程度，请在相应的方框内打勾（√）。

因　素	十分重要	重　要	一　般	不 重 要	完全不重要
周边商铺多样性					
优良的环境					
明显的标识					
促销活动					
安全的人行通道					
停车设施					
行驶路况					
换乘交通					
社区休闲空间					

9. 请您选择在下列各方面做出改善的重要程度，请在相应的方框内打勾（√）。

需改善的方面	十分重要	重　要	一　般	不 重 要	完全不重要
道路两旁的基础设施，如长凳、路灯、行道树、垃圾桶等					
公交站点					
非机动车道					
停车设施					
交通信号灯					
人行道路					
公共卫生间					
商铺组合和布局					
节能环保措施					
橱窗陈列					
如有其他请列出：________________					

10. 您认为交通拥挤状况是否会影响到您的业务？（　　）

A. 影响非常大　　B. 影响较大

C. 一般　　D. 影响较小

E. 没什么影响

11. 在下列便民设施中，请选出对您公司业务影响最大的 5 项，并在相应选项后的方框内打勾（√）。

餐馆		菜市场		超市	
公厕		便民服务点（修鞋，裁缝，五金，自行车、电动车维修等）		便民缴费点（通信、水电、网费、电视费等）	
老年服务		治安亭		幼儿园	
社区卫生服务站		药店		银行及 ATM 取款机	
邮局		健身及运动场馆		酒店宾馆	
其他＿＿＿＿＿＿＿＿＿＿					

12. 您周边是否有同类的经营店面？（　　）

A. 有　　　　B. 没有

以下信息仅为研究所用，我们将对您所填写的信息严格保密，请您放心填写，谢谢您的配合。

商户名称：＿＿＿＿＿＿＿＿＿＿

商户地址：＿＿＿＿＿＿＿＿＿＿

联系电话：＿＿＿＿＿＿＿＿　邮箱：＿＿＿＿＿＿＿＿

商户所属行业：＿＿＿＿＿＿＿＿＿＿

您公司经营年限是：＿＿年　您公司在本地的经营年限是：＿＿年

附录 4　老旧小区改造项目业主意见调查问卷

您好！

为了进一步做好老旧小区改造工作，现对小区业主进行一次调查。本调查采取匿名方式进行，您的回答不涉及是非对错，请您不必有任何顾虑。只要您按照自己的实际情况来回答问题，就对本调查具有很大的价值，每份问卷的结果只用于学术上的统计分析。非常感谢您的支持与合作！

请就下列问题选择您认为最合适的答案（在所选项前面的□内画 √，问卷里的问题只选一个答案）。

基本情况

1. 您的性别？

□男　　　　　　　　　　　　□女

2. 您的年龄？

□ 30 岁以下　□≥ 30 岁且 <60 岁　□ 60 岁及以上

3. 您的职业？

□公务员（本单位）　□公务员（非本单位）　□非公务员

4. 您住房的建筑面积？

□ 50 平方米以下　□≥ 50 平方米且 <100 平方米　□ 100 平方米及以上

5. 如进行改造需要家中留人，您工作日是否有空闲时间？

□有　　　　　　　　　　　　□无

老旧小区建筑本体改造情况

6. 您是否同意进行楼体外墙保温改造？

□是　　　　　　　　　　　　□否

7. 您是否同意进行楼体外门、窗改造？

□是　　　　　　　　　　　　□否

8. 您是否同意进行楼体外墙、楼道等公共区域清洗粉刷？

□是　　　　　　　　　　　　□否

9. 您是否同意增设门禁系统？

□是　　　　　　　　　　　　□否

10. 您是否同意进行楼内公共区域给排水、消防等管线改造？

□是　　　　　　　　　　　　□否

11. 您是否同意进行楼内照明系统改造？

□是　　　　　　　　　　　　□否

12. 您是否同意进行外墙雨水管改造？

□是　　　　　　　　　　　　□否

13. 您是否同意进行空调外机统一规整？

□是　　　　　　　　　　　　□否

14. 您是否同意完善无障碍设施？

□是　　　　　　　　　　　　□否

15. 您是否同意进行户内给排水、供热管线改造？

□是　　　　　　　　　　　　□否

16. 您是否同意电梯更新？

□是　　　　　　　　　　　　□否

老旧小区公共部分改造情况

17. 您是否同意进行供水、污水、供电、燃气、供热等管网改造？

□是　　□否

18. 您是否同意完善安防、消防设施设备？

□是　　□否

19. 您是否同意进行小区道路、绿化、护栏、照明等设施改造？

□是　　□否

20. 您是否同意增设或改造非机动车停车设施？

□是　　□否

21. 您是否同意进行规范垃圾分类收集？

□是　　□否

22. 您是否同意规范机动车停车？

□是　　□否

23. 您是否同意增设停车设施及电动汽车、自行车的充电设施？

□是　　□否

24. 您是否同意配套附属用房改造？

□是　　□否

25. 您是否同意更新或补建信报箱？

□是　　□否

对于您的配合与支持，我们表示诚挚的谢意！为了保证资料的完整与翔实，请您再检查一下填过的问卷，看看是否有填错、漏填的地方。谢谢！

附录 5　老旧小区改造项目管理人员调查问卷

您好！

为了进一步做好老旧小区改造工作，现对项目管理人员进行一次调查。本调查采取匿名方式进行，您的回答不涉及是非对错，请您不必有任何顾虑。只要您按照自己的实际情况来回答问题，就对本调查具有很大的价值。每份问卷的结果只用于学术上的统计分析。非常感谢您的支持与合作！

请就下列问题选择您认为最合适的答案（在所选项前面的□内或对应的表格内画 √，问卷里的问题多数是只选一个答案，有少数问题是可以选多个答案，请您注意看每个问题后面括号里的说明）。

项目基本情况

1. 项目所处市辖区？（只选一个答案）

□东城区　□西城区　□朝阳区　□丰台区

□石景山区　□海淀区　□门头沟区　□房山区

□通州区　□顺义区　□昌平区　□大兴区

□怀柔区　□平谷区　□密云区　□延庆区

2. 项目建成年代？（只选一个答案）

□ 20 世纪 50 年代及以前　□ 20 世纪 60 年代

□ 20 世纪 70 年代　□ 20 世纪 80 年代

□ 1990 年及以后

3. 项目的建筑面积？（只选一个答案）

□ 3 000 平方米以下

□ ≥ 3 000 平方米且 <10 万平方米

□ 10 万平方米及以上

4. 项目的投资规模？（只选一个答案）

□ 1 000 万元以下

□ ≥ 1 000 万元且 <3 000 万元

□ 3 000 万元及以上

5. 项目内居民总户数？（只选一个答案）

□ 99 户及以下　□ 100 ～ 299 户　□ 300 户及以上

6. 项目的户均建筑面积？（只选一个答案）

□ 50 平方米以下

□ ≥ 50 平方米且 <100 平方米

□ 100 平方米及以上

初始调查情况

7. 初始调查前居民是否提出过改造申请？（只选一个答案）

□是　□否

8. 初始调查的时间？（只选一个答案）

□ 2013 年　□ 2014 年　□ 2015 年　□ 2016 年

9. 初始调查的方式？（可选多个答案）

□ 入户访谈　□ 纸质问卷　□ 网络问卷　□ 电话访谈

10. 对于您所在的管理项目，初始同意率为？（只选一个答案）

□ 2/3 以下　□ 2/3（含）～ 85%　□ 85% 及以上

11. 初始调查前是否开展改造政策及效果的宣传？（只选一个答案）

□是 □否

12. 如开展了宣传，采用了哪些形式？（可选多个答案）

□居民大会 □社区宣传栏 □材料样板 □微信等网络平台

□组织居民实地参观改造后效果 □其他________

13. 初始调查前是否借助组织力量进行动员？（只选一个答案）

□是 □否

14. 如借助了组织力量，通过哪些组织进行了动员？（可选多个答案）

□党组织 □单位 □自管委 □居委会 □老干部组织

□其他________

15. 初始调查前，在项目立项、方案设计、材料选择等阶段是否引入居民参与？（只选一个答案）

□是 □否

16. 如果是，采用了哪些居民参与方式？（可选多个答案）

□居民座谈 □居民投票 □居民热线 □征求意见箱

□其他________

为提高居民同意率所做工作情况（进行多轮调查填写）

17. 截至项目实施，共开展了几轮居民意见调查？（只选一个答案）

□ 1 次 □ 2 次 □ 3 次 □ 4 次及以上

18. 后续是否开展了改造政策及效果的宣传？（只选一个答案）

□是 □否

19. 如开展了宣传，采用了哪些形式？（可选多个答案）

□居民大会 □社区宣传栏 □材料样板 □微信等网络平台

□组织居民实地参观改造后效果 □其他________

20. 后续是否借助组织力量进行动员？（只选一个答案）

□是 □否

21. 如借助了组织力量，通过哪些组织进行了动员？（可选多个答案）

□党组织 □单位 □自管委 □居委会 □老干部组织

□其他________

22. 后续是否引入居民参与？（只选一个答案）

□是 □否

23. 如果是，采用了哪些居民参与内容与方式？（可选多个答案）

□居民座谈 □居民投票 □居民热线 □征求意见箱

□其他________

为提高居民同意率所做工作效果评估

24. 您认为下列措施对提升同意率效果如何？（只选一个答案）

措 施	效 果				
	非常差	比较差	一 般	比较好	非常好
开展改造政策及效果宣传					
借助组织力量进行动员					
引入居民参与					

对于您的配合与支持，我们表示诚挚的谢意！为了保证资料的完整与翔实，请您再检查一下填过的问卷，看看是否有填错、漏填的地方。谢谢！

附录6　老旧小区改造项目管理人员访谈记录

被访谈人1：石化中心项目管理人员，男38岁

问题1：请问在您所管理的老旧小区改造项目中，居民参与改造的意愿如何？前期征求居民意见过程中遇到了哪些问题？

答：我所管理的老旧小区改造项目体量较大、居民较多，在征求居民改造意见的时候遇到了很多困难。很多居民开始时对于改造的态度不积极，不愿意配合改造工作。老旧小区改造针对的主要是节能减排和消除隐患，效果不是马上就能感受到的。但居民更关注的是生活的便利性和舒适性，往往提出一些不切合实际的要求，在工程施工前期设置了不少障碍，给项目推进带来一定影响。

问题2：请问您认为不同居民参与老旧小区改造的意愿是否存在差异？如果有的话，哪些居民更倾向于改造？

答：离退休的老同志对于改造工作普遍较为热心和关注，经常咨询改造的有关问题。相比之下，近期装修的居民往往担心装修受损而不愿参与入户改造的内容。

问题3：请问您在工作中采取了哪些措施来促进居民参与改造的意愿？这些措施的效果如何？

答：我们组织房产（基建）处、物业公司相关同志对老旧小区居民进行入户宣传工作，并通过居民座谈会、接待居民来访、张贴公告、样板宣传等形式，将党中央、国务院的有关政策及文件精神传达给居民，广泛征求居民的改造需求意见，并逐户登记改造需求调查表。我们坚持让居民代表参与工程管理，用群众的力量解决群众的问题。一是发挥社区力量，由社区推荐楼门长或觉悟高、有公益心的居民代表收集居民意见；二是项目部设立咨询点，现场解答居民对改造过程中的问题和疑虑，让居民了解项目背景、设计意图、施工方案和措施效果；三是协调老干部局选派优秀离退休干部作为老干部代表，参与协调解决问题；四是搭设样品展示台，通过材料选型参与、方案优化、样板观摩等，逐步打消部分居民的疑虑，取得他们的理解，以推动项目顺利开展。

被访谈人2：商业中心项目管理人员，男35岁

问题 1：请问在您所管理的老旧小区改造项目中，居民参与改造的意愿如何？前期征求居民意见过程中遇到了哪些问题？

答：整体来说老旧小区居民参与改造的意愿较高，因为北京市前期已经完成了同一小区内的其他房屋改造，取得了较好的效果，改造后居住环境明显改善，房屋售价也有所提升。居民看见改造带来的实惠，在未征求意见前就多次到单位来咨询改造的相关问题。

问题 2：请问您认为不同居民参与老旧小区改造的意愿是否存在差异？如果有的话，哪些居民更倾向于改造？

答：我们在征求居民意见时是以家庭为单位的，居民个人的特点在其中不是很突出。不过因为老旧小区改造是带户施工，所以，那些有周转住房的居民更少受改造的影响。还有就是一些退了休的老同志对于改造特别积极，给我们提了很多意见和建议。

问题 3：请问您在工作中采取了哪些措施来提升居民参与改造的意愿？这些措施的效果如何？

答：在工程前期，我们就项目的实施时间、改造内容、改造后的效果图等以通报的形式告知有关单位，请他们协助做好在职干部、职工及离退休老同志的动员工作。在施工单位进场前，组织了一次宣传展示会，就老旧小区改造工作的目的、意义、内容、目标、效果，以及项目的具体施工计划等内容制作展板进行宣传。同时，就本次改造项目中采用的窗户、单元门、门禁系统、装修恢复使用的装修材料等进行集中展示，让居民对即将开始的改造工程有一个直观的了解。并在展示会现场设立咨询服务台，解答居民的疑问，展示会完成后将所有宣传材料编制成手册逐户发放。

后　记

这本专著是我主持的国家社会科学基金一般项目“新型城镇化视野下的棚户区改造研究”的主要成果，是课题组成员集体智慧的结晶。该课题从立项到结题，凝聚了我与谷浩、李欣两位博士后合作研究的点点滴滴。这本专著得以成书，除了我与谷浩、李欣两位合著者所做的工作，还汇聚了我指导的清华大学公共管理学院的几位硕士研究生和湖南大学几位学生的贡献。公共管理专业硕士生王刚对第六章关于北京市老城区改造与城市风貌塑造研究做出了主要贡献，这部分内容是在他的硕士学位论文基础上撰写的。公共管理专业硕士生王光裕对第八章关于老旧小区改造与居民共同利益实现的研究做出了主要贡献，这部分内容主要取自他的硕士学位论文，并加以整编。公共管理硕士生徐银槚对第十章关于城市更新治理能力与对策研究中的老旧小区改造案例研究做出了主要贡献，这部分内容是在我作为案例指导教师、她组队参加清华大学公共管理学院全国案例大赛的调研报告基础上撰写的。此外，公共管理硕士生滕佳瑜和赴清华大学公共管理学院交流学习的贵州大学公共管理硕士生郑翔益分别在研究资料收集、棚户区改造政策梳理等方面做出了贡献，以及湖南大学公共管理学院本科生华蕾、硕士研究生王丽妮、吴佳霖对书稿的内容编排及文字修订做出了贡献，清华大学公共管理硕士生张雪莹和湖南大学公共管理本科生常铖对部分图表的修订做出了贡献。在此一并对所有参与、帮助和支持本项研究的人士致以感谢。

孟延春

2023 年 8 月于清华园